JN091548

緑が美しい緑色岩がひろがる
青岩公園（群馬県）。ここでは
流紋岩やチャートなどたくさ
んの種類の岩石を見ること が
できます。

3

岩石っておもしろい！

岩石にはそれぞれ性質があります。
見たり触ったりして、「軽い！」「光る！」「何に見える？」などと
楽しみましょう。

穴がいっぱいで軽い！

軽石
▶P108

キラキラ光る

白雲母花崗岩
▶P32

磁石にくっつく！

玄武岩
▶P84

蛇紋岩
▶P182

火山から飛び出た

火山弾
▶P106

ネックレスなどの
装飾品になっている！

黒曜岩
▶P64

宝石!?

ヒスイ輝石岩
▶P188

紫外線を当てると
光る鉱物

蛍石
▶P213

黒ごまおにぎりに見える！

花崗岩
▶P26

本書の見方

主な造岩鉱物

岩石を構成する主な鉱物を紹介しています。

岩石の分類

岩石の大分類と小分類を紹介しています。大分類から小分類に分かれる形で記載しています。

岩石の名称

一般的な岩石の名称を記載しています。

標本写真

岩石の露頭写真を掲載しています。岩石の特徴をより近くで観察できるよう、ズーム写真も見ることができます。

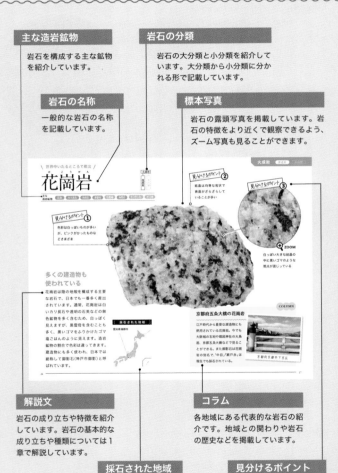

世界中いたるところで産出

花崗岩

火成岩

見分けるポイント①
色彩は白っぽいものが多いが、ピンクがかったものなどさまざま

見分けるポイント②
結晶は均等な粒状で斑晶がさらばっていることが多い

見分けるポイント③

ZOOM
白っぽい大きな結晶の中に黒いゴマのような斑点が混じっている

多くの建造物も使われている

花崗岩は陸の地殻を構成する主要な岩石で、日本でも一番多く産出されています。通常、花崗岩は白いカリ長石や透明の石英などの無色鉱物を多く含むため、白っぽく見えますが、黒雲母を含むことも多く、黒いゴマをふりかけたゴマ塩ごはんのように見えます。造岩鉱物の割合で色彩は違ってきます。建造物にも多く使われ、日本では総称して御影石（神戸市御影）と呼ばれています。

採石された地域

COLUMN

京都府五条大橋の花崗岩

江戸時代から重要な建造物にも使用されている花崗岩。今や大阪城の石垣や國護神社の大鳥居、京都五条大橋などで見ることができる。また御影石は花崗岩の別名で、「中目」「神戸市」は現在でも採石されている。

京都府京都市下京区

解説文

岩石の成り立ちや特徴を紹介しています。岩石の基本的な成り立ちや種類については1章で解説しています。

採石された地域

標本写真の岩石がどこで採石されたかを示しています。

コラム

各地域にある代表的な岩石の紹介です。地域との関わりや岩石の歴史などを掲載しています。

見分けるポイント

肉眼で岩石を見分けることができるように、外見の特徴を紹介しています。

本書は、岩石の基本情報だけでなく、見分けるポイントの紹介やテーマに合わせて岩石をくらべることで、岩石を見分けやすくしています。

似ている石を並べて紹介するページもあります

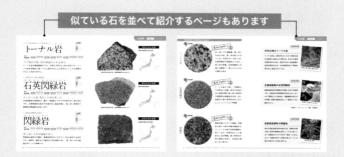

見分けるテーマ

含有鉱物や産地、似ている岩石など、対象岩石に合ったテーマでくらべることで、岩石を見分けやすくしています。

採石された地域でくらべてみよう

同じ種類の岩石でも、地域によって見られる特徴が異なることがあります。見られる地域で岩石をくらべてみましょう。

解説文でくらべてみよう

岩石の成り立ちや特徴を紹介しています。成り立ちや特徴の違いをくらべて見分けるコツをつかみましょう。

岩石の名称でくらべてみよう

岩石の名称には鉱物名が含まれることが多いため、名称を見れば岩石を構成している鉱物がわかります。名称をくらべて性質を把握しましょう。

露頭写真でくらべてみよう

岩石の露頭写真をくらべてそれぞれの外見の特徴を観察してみましょう。手元に岩石がある場合は、照らし合わせてみても良いでしょう。

目次

1章　岩石のなりたち

2章　火成岩

3章 堆積岩

堆積岩を見分けよう

4章 変成岩

変成岩を見分けよう（接触変成岩／広域変成岩／断層岩）....... 154

5章 鉱物

6章 ジオパークで岩石を見よう

岩石の
なりたち

岩石の種類は岩石のでき方によって、
異なります。見分けるときにも
役立ちますので、まずは岩石のなりたちの
違いをおさえましょう。

岩石って何?

<ruby>岩<rt>がん</rt></ruby><ruby>石<rt>せき</rt></ruby>って何?

鉱物が集まってできた岩石

川原や道ばたに落ちている岩石。
どんな岩石も、そのほとんどは、
マグマが冷えて固まった結晶のつぶ「鉱物」が
固まってできています。
色や大きさ、形ではなく、どんな鉱物が
含まれているのかによって、種類が決まります。

ただし海で小さな生き物の遺骸が
かたまって岩石になったものもあります。

岩石を調べると大陸が移動したり
衝突したりした様子などの
歴史を知るヒントにもなります。

COLUMN

地球は岩石でできている!?

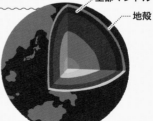

地球を作っている「地殻」や
「上部マントル」も岩石でで
きています。地殻は、花崗
岩や玄武岩、班レイ岩から、
上部マントルはカンラン岩
からできています。

上部マントル
地殻

角閃石
黒くて細長いつぶ

黒雲母
黒く六角形の
平たいつぶ

岩石を見分けるには

図鑑などを見てもなかなか見分けることが難しい岩石。岩石を作っているつぶ＝鉱物の種類から見分けることができます。

斜長石
白からピンク色の
角ばったつぶ

岩石ってどうやって

地球にあるほとんどの岩石は、一度溶けたマグマがもとになっており、
そのマグマが冷えて「火成岩」という種類になっています。
その火成岩が割れて運ばれて「堆積岩」になったり、
地下に運ばれて「変成岩」になったりしています。

岩石の分類

火成岩
- 深成岩
- 火山岩

堆積岩
- 火山砕屑岩
- 砕屑岩
- 生物岩
- 化学的堆積岩

変成岩
- 接触変成岩
- 広域変成岩
- 断層岩

マグマが急に冷えてできる
火山岩

砂や泥、石ころが堆積してできる
砕屑岩

断層のズレによって変形してできる
断層岩

マグマの熱で変化してできる
接触変成岩

できたの？

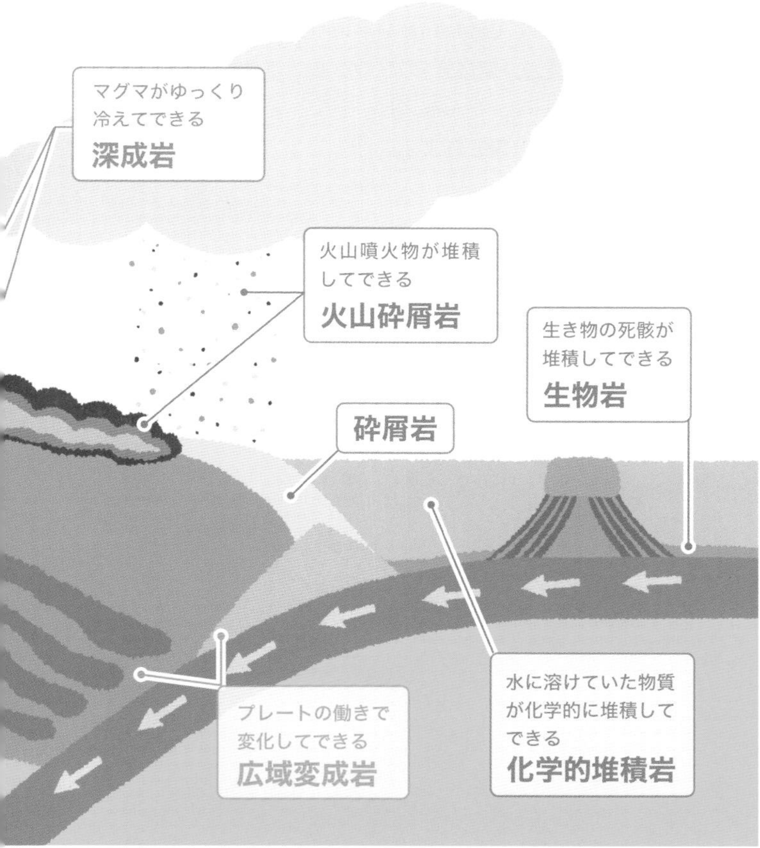

マグマがゆっくり
冷えてできる
深成岩

火山噴火物が堆積
してできる
火山砕屑岩

生き物の死骸が
堆積してできる
生物岩

砕屑岩

プレートの働きで
変化してできる
広域変成岩

水に溶けていた物質
が化学的に堆積して
できる
化学的堆積岩

岩石の 種類を教えて

岩石はどうやってできたかという成り立ちによって
「火成岩」「堆積岩」「変成岩」の3つグループに分類されます。
さらにどの場所で、どんなスピードで、どうやってできたか
などでも細かく分類されます。

火成岩

マグマが冷えて、固まってできた岩石。

深成岩

地下のマグマだまりがゆっくり冷えて、
数百万年かけて固まってできた岩石。
大粒の鉱物結晶が同じくらいの大きさ
で揃った集合体。

火山岩

地下から上がったマグマが、地表や浅
い地下で急に冷えて固まった岩石。地
下でできた鉱物の結晶と、地表の近く
でできた細かい結晶やガラスの集合体
がまだらもように入っている。

堆積岩
たいせきがん

鉱物の粒や岩片などが、風や水や氷によって流されて、積み重なり、
固まった岩石。岩石を構成する粒子によって分類される。

火山砕屑岩

火山が噴火したとき
に出る火山噴出物が
堆積してできた岩
石。マグマが固まっ
て降り積もった後
で、流されて別の場
所で堆積されたもの
なので、火山岩とは
区分される。

砕屑岩

地表の岩石が風化し
たり、侵食されたこ
とで削られたものが
河川や海底に堆積し
てできた岩石。運ば
れるときの水流の強
さによって粒の大き
さが違う。

生物岩

生物の死骸が海底に
堆積してできた岩石。
そのほとんどが化石
でつくられている。

化学的堆積岩

海や湖に溶けていた物
質が、化学的に沈殿し
たり、水分が蒸発した
りしてできた岩石。

変成岩
へんせいがん

火成岩や堆積岩が地下で熱や圧力を受けて、融けることなく種類や性質が変化
してできた岩石。この変化の違いによってさらに分類される。

接触変成岩

岩石がマグマの熱で編成さ
れたもの。高温によって再
結晶することでできた。

広域変成岩

地球表面のプレートが動く
ことによって、地下深部に
送られた岩石が変成したも
の。高温に加えて強い圧力
によってできる。

断層岩

断層がずれたことで変形し
てできた岩石。

岩石を採集して標本を作ろう

採集してみよう

岩石がでている崖などの露頭で岩石を採集します。
その際、必ずルールとマナーを守りましょう ▶ P22 。

1. 露頭全体を観察して、写真を撮ったりスケッチをしたりして記録します。また採集地を地図に記録し番号をつけておきます。

2. 岩石が直角に出ているなど、割りやすいところを探します。

3. 岩石は風化すると壊れるか粘土鉱物になるので、新しい岩石をハンマーで採取します。取り出したい部分の少し下の部分をハンマーで繰り返し叩いて割ります。ハンマーで高い場所にある岩石を叩くのは危険です。露頭の割れた石や、崖の岩崩れに注意しましょう。

4. 採取した岩石には、直接、日付と地図に記入した番号や記号を記録します。その後ビニール袋に入れるか、新聞紙に包みます。記録としてノートに番号と岩石の名前をメモします。

持ち物リスト

服装
- □ 長そでのシャツ・長ズボン
- □ 手袋
　　（軍手など）
- □ 運動靴
　　（滑りにくい軽登山靴など）
- □ 帽子
- □ リュックサック

持ち物
- □ 地図（等高線が入っているものが便利）
- □ ハンマー・タガネ・ドライバー
- □ ルーペ（岩石の組織や鉱物を観察する）
- □ ビニール袋・新聞紙（岩石を入れたり包んだりする）
- □ 油性マーカー・フェルトペン
　　（標本に番号などを記入する）
- □ ボールペン・ノートなどの筆記用具
- □ スケール
- □ カメラ
- □ 方位磁石

岩石は色や、含んでいる鉱物の特徴によって、岩石やその土地の成り立ちまで知ることができます。ここでは露頭での採集の仕方と、標本の作り方を紹介します。

標本を作る

採集した岩石を整理して標本を作って保管しましょう。

❶ 岩石をトリミングする

ハンマーで岩石の角を欠いて、形を整えた後、でこぼこしている部分をハンマーの尖った部分で整えます。

❷ 番号をつけて、ラベルといっしょに小箱などに入れます。

＊標本の番号は決まった形はありませんが、採集した年月日や採集場所、岩石の種類を元につける方法があります。
例）採集した年月日の場合
2023111503 → 2023 年 11 月 15 日 3 番目の標本

＊ラベルには、番号・岩石名・採集地・採集者名・採集美に加えて備考欄にメモを書いておくといいでしょう。

COLUMN

自然は危険がいっぱい！

露頭のある場所は自然の中です。落石や土砂崩れなどの危険もあります。正しい知識に加えて、装備も重要です。転落などの事故にも注意を払い、万全な体調で臨みましょう。一人で出かけることは避けること、危険な動植物に気をつけること、急な斜面を登らないことを心がけます。また露頭より河原の方が比較的安全ですが、急な増水などにも十分注意しましょう・

採集の
ルールとマナー

岩石がある場所は、天然記念物に指定されている場所もあります。また岩石は自然が長い時間をかけて作ってきた貴重なものです。ルールやマナーを守って採集しましょう。

❶ 採集しても大丈夫な場所か事前に確認する。

❷ 土地の持ち主に許可をもらう。

❸ 天然記念物に指定されている場所、国立公園や国定公園では採集は禁止。

❹ 必要以上に採集しない。

❺ 岩石の移動はしない。

❻ 石垣の石や墓石に傷をつけない。

❼ ハンマーでたたいたときなどに出る石クズは片付ける。

❽ 私有地への立ち入り、道路脇での採集にも注意する。

2章

火成岩

火成岩はマグマが固まってできた岩石。

固まるまでにかかる時間によって、

深成岩と火山岩に分類されます。

火成岩を見分けよう

結晶の大きさで見分ける

ゆっくり冷えて、大きい結晶が集まった

深成岩
しんせいがん

地下深くのマグマだまりがゆっくり冷えて、固まってできた岩石ですが、その後の地殻変動で隆起すると地表で見ることができます。具体的には、「地下深く」は数kmから10数km、「ゆっくり」は数10万年から場合によっては数百万年かけて冷え固まります。大粒の鉱物結晶が成長して、同じくらいの大きさに揃った集合体になっています。石英、アルカリ長石、斜長石の割合や、角閃石や輝石など有色鉱物の多さで、分類することができます。

見分けるポイント

比較的大きな結晶からできていて、鉱物の特徴が分かりやすい

花崗岩

▶ P26-27

地球上の岩石のすべては、一度マグマになったことがあります。そのマグマが冷えて固まった岩石が火成岩です。そして火成岩はマグマが冷えて固まる速度によって「深成岩」と「火山岩」に分類されます。

急に冷えて、斑晶と石基が混ざった 火山岩（かざんがん）

地下から上昇したマグマが、地表に噴出したり、地表に近い地下に上昇してきて急に冷えて固まった岩石です。地下のマグマだまりにできた鉱物の結晶である斑晶と、地表の近くに上がって、冷えてできた細かい結晶やガラスの部分である石基が集合して、まだら模様に入っています。

見分けるポイント

斑晶・石基が
まだら模様にある

流紋岩
▶ P60-61

花崗岩
（かこうがん）

主な
造岩鉱物 　石英　　カリ長石　　斜長石　　黒雲母　　白雲母　　角閃石　　カンラン石　　その他

見分けるポイント①

色彩は白っぽいものが多い
が、ピンクがかったものな
どさまざま

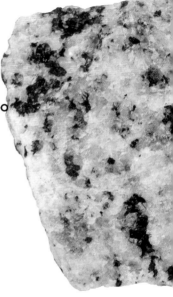

多くの建造物も
使われている

花崗岩は陸の地殻を構成する主要
な岩石で、日本でも一番多く産出
されています。通常、花崗岩は白
いカリ長石や透明の石英などの無
色鉱物を多く含むため、白っぽく
見えますが、黒雲母を含むことも
多く、黒いゴマをふりかけたゴマ
塩ごはんのように見えます。造岩
鉱物の割合で色彩は違ってきます。
建造物にも多く使われ、日本では
総称して御影石（神戸市御影）と呼
ばれています。

[　採石された地域　]

愛知県蒲郡市

見分けるポイント ②

結晶は均等な粒状で
表面がざらざらして
いることが多い

見分けるポイント ③

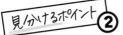

➕ ZOOM

白っぽい大きな結晶の
中に黒いゴマのような
斑点が混じっている

COLUMN

京都府五条大橋の花崗岩

江戸時代から重要な建造物にも
使用されている花崗岩。今でも
大阪城の石垣や靖国神社の大鳥
居、京都五条大橋などで見るこ
とができる。また御影石は花崗
岩の別名で、「中目」「瀬戸赤」は
現在でも採石されている。

京都府京都市下京区

両雲母花崗岩

りょううんもかこうがん

主な造岩鉱物　石英 | カリ長石 | 斜長石 | 黒雲母 | 白雲母 | 角閃石 | カンラン石 | その他

結晶が大きく、白っぽい花崗岩

黒雲母と白雲母の両方を主要な構成鉱物として含む花崗岩です。和名では複雲母花崗岩とも呼ばれます。結晶が大きく、斜長石よりもカリ長石を多く含むので、白っぽく見えます。そのような条件を満たす産出地の地質学的な特徴として、両雲母花崗岩はペグマタイトに伴って産することが多いのも特徴です。

[採石された地域]

長野県上伊那郡
宮田村

見分けるポイント ①

⊕ ZOOM

白雲母と黒雲母のキラキラ
した結晶が見える

神奈川県立生命の星・地球博物館
（KPM-NL361）

COLUMN

足利尊氏の石宝塔にも使われている 「石都岡崎」の御影石

岡崎産細粒両雲母花崗岩（武節花崗岩）が石材として利用されてきた歴史は古く、室町時代（1358年）までさかのぼることができる。岡崎市大門の八剣神社にある、足利尊氏の宝塔がこれにあたり、市内最古の花崗岩建造物である。

愛知県岡崎市

斑状花崗岩

はんじょうかこうがん

| 火成岩 |
| 深成岩 | 火山岩 |

主な
造岩鉱物　石英　カリ長石　斜長石　黒雲母　白雲母　角閃石　カンラン石　その他

見分けるポイント①

花崗岩は粗粒等粒状、花崗斑岩は
細粒の結晶がその間に入り込んで
まだら模様をつくっている

神奈川県立生命の星・地球博物館（KPM-NL31546）

大きな斑晶と小さな
石基が斑状になる

花崗岩の中のカリ長石は他の鉱物に比べて大きな結晶になり
ます。他の鉱物の結晶は小さいので、カリ長石が目立つのが
特徴です。普通角閃石も大きな結晶になります。一般的な花
崗岩とくらべて斑状花崗岩は、より急冷した条件下でマグマ
から結晶化した岩石です。

見つけるポイント②

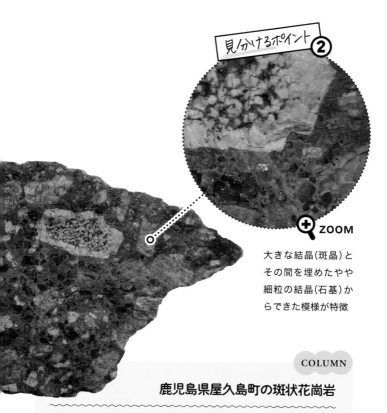

➕ ZOOM

大きな結晶（斑晶）と
その間を埋めたやや
細粒の結晶（石基）か
らできた模様が特徴

COLUMN

鹿児島県屋久島町の斑状花崗岩

太鼓岩は白谷雲水峡最奥にある
花崗斑岩の巨石。白谷入口から
は約2.8km、標高1050m地
点にあり、太鼓岩からは季節ご
とに異なる眺望が楽しめる。春
には山桜のピンクや初夏には新
緑の黄緑色、杉の緑など美しい
自然の絨毯が広がる絶景が楽し
める。

鹿児島県屋久島町

\ 黒雲母より少ない産出量 /

白雲母花崗岩
（しろうんもかこうがん）

主な
造岩鉱物　石英　カリ長石　斜長石　黒雲母　白雲母　角閃石　カンラン石　その他

見分けるポイント①

黒雲母花崗岩の
ようなゴマ状の
黒い粒が少ない

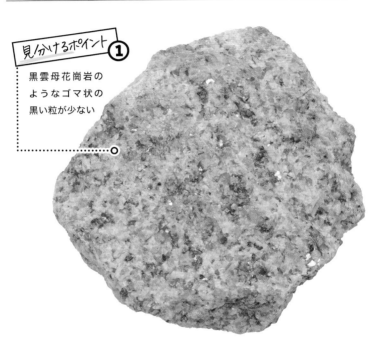

大きな結晶は
ペグマタイトとともに産出される

白雲母を主要構成鉱物とする花崗岩です。主に石英、長石、白雲母からなり黒雲母花崗岩に比べると産出量ははるかに少なくなります。黒雲母が褐色〜緑色なのに対して、白雲母は透明〜白色で、一部の花崗岩に含まれますが、ペグマタイトの岩脈で産出されることが多いです。強い真珠光沢を持ち、数mm以上の粒子はキラキラと輝くため岩石中に含まれているとよく目立ちます。

\ 最も一般的な花崗岩 /

黒雲母花崗岩
くろうんもかこうがん

火成岩
深成岩　火山岩

主な
造岩鉱物　石英　カリ長石　斜長石　黒雲母　白雲母　角閃石　カンラン石　その他

見分けるポイント①

灰白色でゴマのような
黒い粒が入っている

御影石としても使用される

灰色透明の石英、白色のカリ長石と斜長石、黒雲母で構成される優
白色の花崗岩が黒雲母花崗岩です。黒雲母は褐色から緑色までさま
ざまな色合いを見せます。へき開は一方向に平行な線を描き、薄く
はがれることも黒雲母の特徴です。色調が明るく美しいことと大型
のブロックを切り出すことができるため、建築資材としても広く利
用されており、国会議事堂、東京都庁などの建築にも使われています。
御影石として有名な万成石、稲田石も黒雲母花崗岩です。

黒雲母花崗岩
（くろうんもかこうがん）
万成石
（まんなりいし）

火成岩	
深成岩	火山岩

ZOOM

美しい桃色で桜御影とも呼ばれる

万成石は、岡山市北西部の万成地区で採石される御影石で、淡紅色のカリ長石と白色の斜長石や石英、黒雲母等で構成された岩石です。明治神宮や新宿伊勢丹などの建造物にも使用されています。見た目の美しさとは異なり、とても硬い石です。

薄いサーモンピンク色に見える

［ 採石された地域 ］

岡山県岡山市

黒雲母花崗岩
くろうんもかこうがん
稲田石
いなだいし

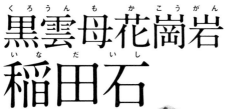

ZOOM

全体的に白っぽい

白い貴婦人と称される白御影石

茨城県笠間市で採掘される稲田石は白御影石の代表的な銘石のひとつです。「白い貴婦人」と称される品のある白さが特徴。6割以上を長石が占めます。東京駅、最高裁判所、笠間稲荷神社など、有名な建築物にも数多く使われてきたのは、経年変化の少ない堅牢な性質とどんな長尺物にも対応できる良質な岩盤、そして豊富な埋蔵量です。

[採石された地域]

茨城県笠間市稲田

火成岩	
深成岩	火山岩

花崗閃緑岩
（かこうせんりょくがん）

主な造岩鉱物 （石英）（カリ長石）（斜長石）（黒雲母）（白雲母）（角閃石）（カンラン石）（その他）

見分けるポイント①

花崗岩よりやや暗い
灰白色

花崗岩より
やや暗い灰白色

花崗閃緑岩は、花崗岩と閃緑岩の中間的な性質の深成岩です。花崗岩よりも斜長石を多く含むため、やや暗い灰白色をしています。石英、斜長石、カリ長石、黒雲母、角閃石を含む完晶質粗粒の岩石です。広義には花崗岩ですが、石英・カリ長石・斜長石の割合で細かく分類すると花崗閃緑岩になります。

[採石された地域]

穂高岳

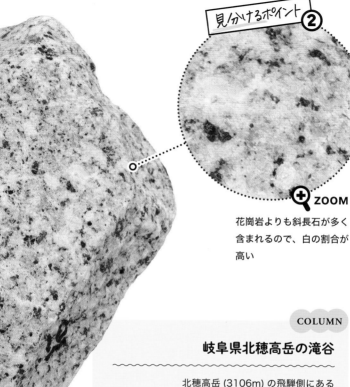

見ハけるポイント ②

＋ ZOOM

花崗岩よりも斜長石が多く
含まれるので、白の割合が
高い

COLUMN

岐阜県北穂高岳の滝谷

北穂高岳 (3106m) の飛騨側にある
滝谷は、井上靖の小説「氷壁」でも有
名になった岩の殿堂。この滝谷付近
にある「滝谷花崗閃緑岩」は、世界で
最も新しい花崗岩体の一つだ。その
貫入固結は、140万年前ころから
始まり、100万年前まで続いたと
いわれている。滝谷花崗閃緑岩は、
飛騨山脈の急速な隆起によって地表
に現れた岩石である。

北穂高岳滝谷

花崗岩
かこうがん

明るい優白色が美しい

花崗岩は石英、長石、雲母（白色）を主成分とする優白色の色調の明るい岩石です。岩質が均一であることが多く、石材だけでなくスコットランドのアルサクレッグ島産の花崗岩はカーリングの公式競技用ストーンにも使われています。

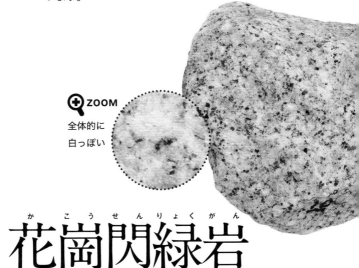

Ｑ ZOOM

全体的に
白っぽい

花崗閃緑岩
かこうせんりょくがん

白と黒が混在している

花崗閃緑岩は粗粒な斜長石（白色）、角閃石、黒雲母（黒色）と少量の石英（透明な灰色）を含む等粒状の岩石です。花崗岩と閃緑岩の中間の色調をしています。北アルプスの長野県上高地から岐阜県上宝村にかけて分布する「滝谷花崗閃緑岩」は、世界一若い「花崗岩」として有名です（発見当時）。

ZOOM
黒い鉱物がはっきり
見える

ZOOM
黒の割合が高い

閃緑岩
せ ん りょく が ん

黒いモザイク状が特徴的

閃緑岩は斜長石（白色）、角閃石・輝石（黒色）を主とする岩
石です。有色鉱物（角閃石・輝石など）の割合が高く、塩の
中に黒いゴマがたくさん入っているように見えます。

トーナル岩
がん

火成岩

深成岩｜火山岩

主な造岩鉱物	石英	カリ長石	斜長石	黒雲母	白雲母	角閃石	カンラン石	その他

ゴマ塩状の粗い粒の結晶からなる岩石

トーナル岩は構成鉱物のうち、石英を 20% 以上含む岩石です。トーナル岩は花崗岩と違ってカリ長石をほとんど含まないことから赤味がかることがありません。

石英閃緑岩
せきえいせんりょくがん

火成岩

深成岩｜火山岩

主な造岩鉱物	石英	カリ長石	斜長石	黒雲母	白雲母	角閃石	カンラン石	その他

丸くなった岩、風化した砂は真っ白

石英閃緑岩は深成岩の一種で、閃緑岩よりもやや石英を多く含む岩石です。石英閃緑岩は長石や石英の白い結晶の間に、黒っぽい角閃石や黒雲母の結晶粒が点在します。

閃緑岩
せんりょくがん

火成岩

深成岩｜火山岩

主な造岩鉱物	石英	カリ長石	斜長石	黒雲母	白雲母	角閃石	カンラン石	その他

黒っぽい大きな結晶が多い

閃緑岩は斜長石や輝石、普通角閃石などがモザイク状に集合する岩石です。角閃石・輝石などの割合が 30% 程度と高く、黒っぽい大きな結晶が多いことも特徴です。

[採石された地域]

神奈川県足柄上郡山北町

神奈川県立生命の星・地球博物館（KPM-NL515）

[採石された地域]

神奈川県南足柄市

神奈川県立生命の星・地球博物館（KPM-NL147）

[採石された地域]

京都府京都市左京区鞍馬

ZOOM

トーナル岩

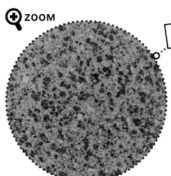

見分けるポイント ①

白っぽいゴマ塩模様。粗く同じ大きさの白・黒・灰の粒でできている。石英を多く含むため、石英閃緑岩や閃緑岩よりも白っぽい色が特徴。石英閃緑岩との違いは微妙で、同じものとされる場合もある

ZOOM

石英閃緑岩

見分けるポイント ①

トーナル岩より暗く、閃緑岩よりは明るい色調。長石や石英の白い結晶の間に黒っぽい角閃石や黒雲母の結晶粒が点在。白い斜長石と黒い角閃石のはっきりとしたコントラストが特徴

ZOOM

閃緑岩

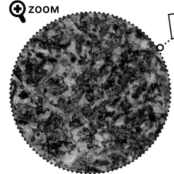

見分けるポイント ①

等粒の黒いモザイク模様。花崗岩と斑レイ岩の中間の組成をもつ。トーナル岩や石英閃緑岩に似ているが、石英をほとんど含まない点が特徴。黒い角閃石が深い緑色に変色し、全体的に緑色っぽく見える

COLUMN

丹沢山地のトーナル岩

トーナル岩は、桃色がかかったカリ長石を含む花崗岩とは明らかに異なる。なかでも神奈川県丹沢のものは、石英が少なく有色鉱物がほぼ角閃石のため、日本地質学会で「神奈川県の石」に指定されている。

神奈川県足柄上郡山北町

COLUMN

京都府鞍馬の石英閃緑岩

鞍掛地域周辺の堆積岩が広範に分布する地域では、岩株状の石英閃緑岩が見られる。古くから「鞍馬石」とも呼ばれ、磁硫鉄鉱を含むのが特徴。茶庭の高級石材として尊ばれてきた歴史をもつ。

京都府京都市左京区

京都府レッドデータブック、撮影：貴治康夫

COLUMN

長野県辰野町の閃緑岩

国の天然記念物「横川の蛇石」は、閃緑岩の裂け目に石英が規則的に貫入してできた珍しい岩で、閃緑岩のマグマが冷えて固まったもの。白いシマ模様が長々と川底に横たわっている様が大蛇のような姿に見える。

長野県辰野町

アプライト

主な
造岩鉱物 （石英）（カリ長石）（斜長石）（黒雲母）（白雲母）（角閃石）（カンラン石）（その他）

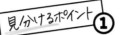

見分けるポイント ①

小さな鉱物の粒がある。
岩脈状に産出されること
が多い

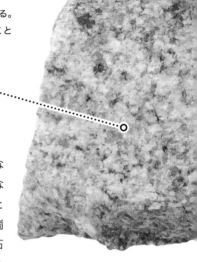

花崗岩に
よく似た岩石

アプライトは黒雲母や角閃石な
どの有色鉱物をほとんど含まな
い細粒の深成岩です。花崗岩と
鉱物組成が似ているので半花崗
岩ともいわれます。白色の岩石
が岩脈をなして母岩を貫くこと
があります。そのうち、きわめ
て粗粒のものをペグマタイト、
細粒のものをアプライトといい
ます。細粒ですが、完晶質です
べて他形結晶のため、顕微鏡下
で見ると砂糖が集合したように
見える組織を持ちます。

[採石された地域]

福島県三方上中郡
若狭町三方

見分けるポイント ②

斜長石やカリ長石は長方形の結晶にならず、グラニュー糖をまぶしたように見える

見分けるポイント ③

ZOOM

結晶の大きさは花崗岩ほど大きくない

COLUMN

沖縄県渡名喜島のアプライト岩脈

沖縄本島と久米島のほぼ中間に位置し、県内で面積最小の自治体である沖縄県の渡名喜島。赤瓦の古民家など沖縄の原風景ともいえる集落が残り、手つかずの自然が広がる。そんな渡名喜島北東にあるアプライト岩脈では、マグマが岩石の割れ目に入ってできた様子がよく確認できる。

沖縄県島尻郡渡名喜村

ペグマタイト

火成岩
深成岩 / 火山岩

主な
造岩鉱物 ｜ 石英 ｜ カリ長石 ｜ 斜長石 ｜ 黒雲母 ｜ 白雲母 ｜ 角閃石 ｜ カンラン石 ｜ その他

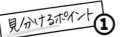

見分けるポイント ①

いろいろな色の鉱物
がある

大きめの
きれいな結晶が
産出されやすい

ペグマタイトは、深成岩がで
きる過程の最後に集まったガ
スや水分などがつくった空洞
の中で成長する深成岩の一種
です。特に花崗岩中にできる
ことが多いのが特徴です。ペ
グマタイトを産状とする鉱物
は水晶などの石英やベリル、
長石、雲母、トルマリンなど
があり、特に大粒のきれいな
結晶ができやすい傾向にあり
ます。

[採石された地域]

岐阜県中津川市苗木

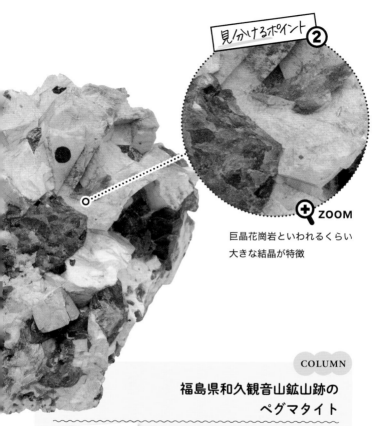

見分けるポイント②

⊕ ZOOM

巨晶花崗岩といわれるくらい
大きな結晶が特徴

COLUMN

福島県和久観音山鉱山跡の
ペグマタイト

福島県石川郡石川町

福島県石川地方はペグマタイト帯が広がり、「日本三大ペグマタイト鉱物産地」の一つとして知られる。なかでも和久観音山鉱山跡は、一つひとつの粒が何百倍にも大きくなったペグマタイトが見られるのが特徴。坑道跡は県の天然記念物に指定されている（見学は要許可）。露頭の下に転がる石には、長石や雲母が確認できる。

閃長岩
せ ん ちょう が ん

主な
造岩鉱物　石英　カリ長石　斜長石　黒雲母　白雲母　角閃石　カンラン石　その他

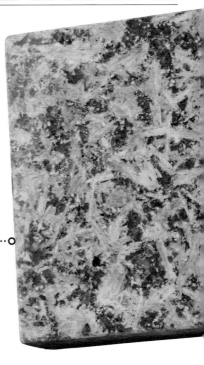

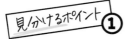

見分けるポイント①

アルカリ長石の色によって
灰色、緑、赤、ピンクになる

石英をほとんど
含まない

閃長岩は石英をほとんど含まず、アルカリ長石と少量の斜長石
をおもな構成鉱物とする粗粒で、完晶質の深成岩です。アルカ
リ長石の色に応じて灰、緑、ピンク、赤などいろいろな色のも
のがあります。長石は氷砂糖のように少し白く濁っています。
地殻変動のある日本列島ではほとんど産出されない岩石です。

見分けるポイント ②

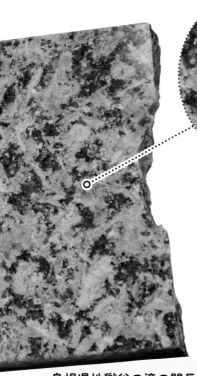

⊕ ZOOM

完晶質で粗粒の白っぽい
のが特徴

神奈川県立生命の星・地球博物館
（KPM-NL454）

COLUMN

島根県地獄谷の滝の閃長岩

西ノ島にある地獄谷の滝では、石英閃
長岩を見ることができ、島前火山がで
きる直前のマグマ活動の記録を観察で
きる。地下深くで作られた高温のマグ
マが地層を壊して流れながら上昇した
後、途中で止まり、ゆっくり冷えなが
ら固まってこの岩石ができた。

島根隠岐郡西ノ島

斑レイ岩
はん　　がん

| 火成岩 |
| 深成岩 | 火山岩 |

主な
造岩鉱物　石英　カリ長石　斜長石　黒雲母　白雲母　角閃石　カンラン石　輝石

見かけるポイント①

黒米のような粒状で
黒い斑点がある

粒状で黒い斑点のある石という意味

斑レイ岩とは 斜長石（白色）、角閃石・輝石（黒色）、カンラン石（濃緑色）を主体とした深成岩です。有色鉱物（角閃石・輝石・カンラン石など）の割合が50%程度と高く、無色鉱物はほとんどが斜長石で、石英やアルカリ長石はほとんど含みません。耐久性が非常に高く、経年劣化がほとんどないため、石材としても広く利用されています。閃緑岩の「青御影」に対し「黒御影」と呼ばれます。

[採石された地域]

京都府福知山市

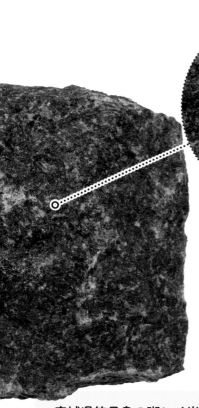

見分けるポイント❷

⊕ ZOOM

白っぽい鉱物（斜長石）と
黒っぽい鉱物（角閃石・輝石）
が見られる

COLUMN

宮城県笠貝島の斑レイ岩

笠貝島は女川町江の島の北約 2.5km の海上にある周囲約 1.5km の無人島。ウミネコやウトウの繁殖地としても知られる。島全体は斑レイ岩類と閃せん緑岩から成る。斑レイ岩のなかでも、島の北西部では世界的にも珍しい球状の斑レイ岩が見られ、県の天然記念物に指定されている。

宮城県牡鹿郡女川町
笠貝島

見分けるポイント ①

ZOOM

淡色の黒または灰緑色から黒褐色に変化していく

生駒石

いこまいし

火成岩

深成岩　火山岩

石もさびる。独特の外観を生む「生駒石」

[採石された地域]

奈良県生駒市

生駒石は大阪・奈良府県境にある生駒山を構成する生駒斑レイ岩を起源とする自然石です。特に生駒山頂東南麓の生駒市西菜畑町から小倉町にかけての地域に産出する生駒石が最も良質とされ、現在もここから採石されています。花崗岩よりも珪酸分に乏しく、鉄やマグネシウムに富むため、比較的重みがあります。鉄分が風雨に曝されて酸化すると、表面に「さび」が生じて独特の黒褐色になり、つぶ状の、ざらざらした地肌になります。

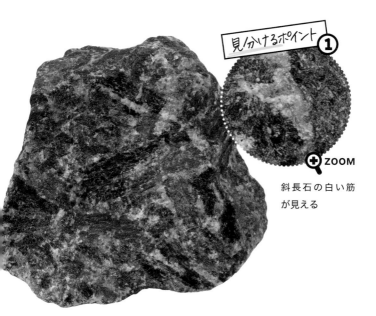

見分けるポイント ①

ZOOM

斜長石の白い筋
が見える

輝石角閃石斑レイ岩
（きせきかくせんせき はんがん）

火成岩	
深成岩	火山岩

全体的に暗い色

黒い粒の輝石や長柱状の角閃石が含ま
れた斑レイ岩です。白っぽい鉱物であ
る斜長石を通して後ろの有色鉱物（輝
石、角閃石）の黒がすけるため、より
黒っぽくなり、全体的に暗い色をして
いるのが特徴です。表面はざらざらと
した手ざわりです。

[採石された地域]

奈良県生駒市

53

斜長岩
しゃちょうがん

主な
造岩鉱物 石英 カリ長石 斜長石 黒雲母 白雲母 角閃石 カンラン石 その他

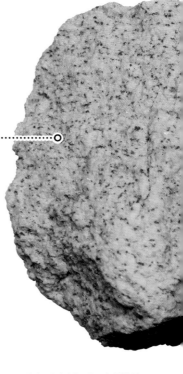

見分けるポイント ①

変質するとクリーム色
などの不透明やにごっ
た緑灰色になる

含まれている
鉱物の9割は斜長石

斜長岩は斑レイ岩の一種で、構成
の9割以上を斜長石が占めます。
若干の輝石・角閃石・カンラン石
を伴う深成岩です。先カンブリア
時代の地質体には巨大な岩体が存
在しますが、古生代以降は苦鉄質
マグマの結晶分化作用でできた分
化岩体の一部をなすことが多いで
す。日本ではほとんど産出しない
岩石ですが、筑波山の斑レイ岩の
一部で産出が確認されています。
その他にも、茨城県や瀬戸内地方
で見られます。

神奈川県立生命の星・地球博物館
（KPM-NL32039）

見つけるポイント ②

ZOOM

岩石がほとんど結晶質で暗灰色から灰青色をしている

COLUMN

筑波山の斜長岩「がま石」

茨城県の筑波山の山頂付近にある「がま石」は、斑レイ岩中に、斜長岩を見ることができる。「がま石」は、古来「雄龍石」と呼ばれていたが、永井兵助が陣中膏である「がまの油」を売り出すための口上をこの岩の下で考え出したことから、「がま石」と呼ばれるようになった。

茨城県つくば市

カンラン岩
（がん）

火成岩
┌──────┬──────┐
│ 深成岩 │ 火山岩 │

主な
造岩鉱物　石英　カリ長石　斜長石　黒雲母　白雲母　輝石　カンラン石　その他

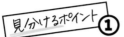

見分けるポイント ①

暗緑色や暗褐色の輝石類、
黒い粒状のクロムスピネル
を含むことがある

マントルを構成する
岩石

カンラン岩は深成岩の一種で、シリ
カ（SiO_2）成分が 45% 以下と乏し
い超塩基性岩です。主にカンラン石
からなり、そのほかに斜方輝石、単
斜輝石などを含みます。マントルを
構成する岩成のため、地下深くで発
生したマグマにとり込まれて地上ま
で上昇したり、断層の働きによって
地表に表れたりします。北海道のア
ポイ岳にはさまざまなタイプのカン
ラン岩があるため「幌満かんらん岩」
の名で世界的に知られています。

[　採石された地域　]

茨城県久慈郡

見分けるポイント ②

ZOOM

くすんだ緑色で緻密で
均質なのが特徴

COLUMN

福井県大島半島のカンラン岩

福井県道 241 号線の大島トンネル北
口から約 200 m北西地点から、モホ
面(地殻とマントルの境界)が確認で
きる。カンラン岩をはじめ輝石岩、
斑レイ岩からなる層状構造が露出し
ており、道路沿いで容易に観察でき
るものとして日本国内唯一である。

福井県大飯郡おおい町
大島半島

ダナイト

火成岩
深成岩 | 火山岩

見分けるポイント ①

カンラン石の割合が90%
を超えるため、緑がかって
見える

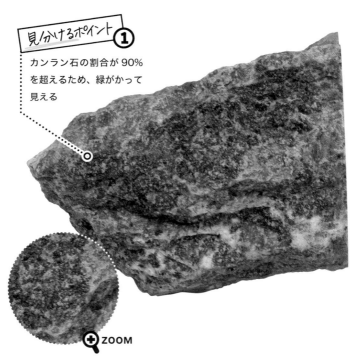

ZOOM

マグマ成分を絞り切ったダナイト

地表付近で見られるカンラン岩としては、ハルツバージャストが
最も多く、レルゾライト、ダナイトと続きます。ダナイト（ダンカ
ンラン岩）はカンラン石が90％以上を占めるかんらん岩です。「ダ
ン」は、この岩石が初めて確認されたニュージーランドのダン山に
ちなんでいます。オリーブ色をしたカンラン石が大部分を占める
ため、岩石としても全体的にオリーブ色に見えます。

レルゾライト

火成岩
深成岩 | 火山岩

見分けるポイント①
長方形の白い斜長石がない

見分けるポイント②

ZOOM

オリーブ色がカンラン石の
特徴

月の下部マントルは
レルゾライト

レルゾライト（複輝石カンラン岩）はマグマ成分が抜けきっていないカンラン岩で、超塩基性火成岩に分類されます。50％〜90％のカンラン石のほかに斜方輝石と単斜輝石の両方を10％以上含む粗粒な岩石で、クロムスピネルやザクロ石も含みます。これらの鉱物の種類は深度によって変化します。

[**採石された地域**]

北海道様似町帆満

流紋岩

りゅうもんがん

火成岩	
深成岩	火山岩

主な造岩鉱物 石英 カリ長石 斜長石 黒雲母 白雲母 角閃石 カンラン石 その他

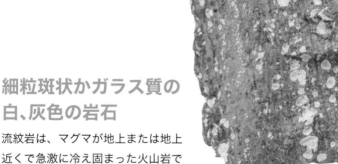

見かけるポイント①

流れるようなすじの模様が特徴

細粒斑状かガラス質の白、灰色の岩石

流紋岩は、マグマが地上または地上近くで急激に冷え固まった火山岩です。成分の70%以上が酸化ケイ素の岩石で、岩の表面は比較的キメ細かい表情をしています。典型的な流紋岩は、マグマの流動時に形成される斑晶の配列などによるきれいな流れ模様（流理構造）がしばしば見られます。石英や長石、黒雲母、角閃石を含むことがあります。

[採石された地域]

石川県小松市

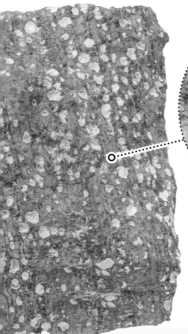

見分けるポイント ②

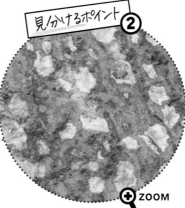

ZOOM

白っぽい磁器のように
見える。石英などの
斑晶がある

COLUMN

島根県日御碕の流紋岩

島根県を代表する観光地の一つ、出
雲日御碕で見られる露頭は、成相寺
層（1650〜1450万年前）の頁岩と
流紋岩からできている。この頃に盛
んにおこった海底火山の噴火により、
流れ出た流紋岩溶岩が日御碕灯台付
近で溶岩ドームをつくった。

島根県出雲市成相寺層

ハリ質流紋岩
（しつりゅうもんがん）

石英や長石、黒雲母などを多く含む

ハリ質黒雲母流紋岩（ガラス質流紋岩）は全体的に小さな結晶からなる、ガラス質の火山岩で、白っぽい色をしています。石英や長石、黒雲母などを多く含み、噴出時の圧力で水分などの揮発成分が抜けた孔が、たくさんあります。多くは多孔質であるため密度が小さいのが特徴です。

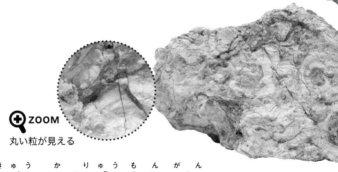

➕ZOOM
丸い粒が見える

球顆流紋岩
（きゅうかりゅうもんがん）

丸い粒（顆粒）が特徴的

球顆流紋岩は数mmから数cm程の白っぽい球状集合体（球顆）。球顆とは、マグマが急冷するときに、針状のクリストバライトや長石類などの鉱物が放射状集合体となったものです。

[**採石された地域**]

兵庫県豊岡市

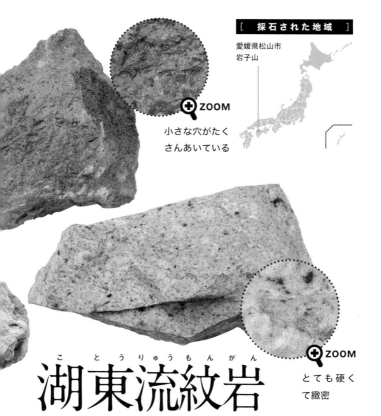

[採石された地域]

愛媛県松山市
岩子山

➕ZOOM

小さな穴がたく
さんあいている

➕ZOOM

とても硬く
て緻密

湖東流紋岩
こ と う りゅう もん がん

火砕流が高温のまま
たまってできた

湖東流紋岩は近江八幡や東近江市などの
湖東地域の山を構成する流紋岩です。こ
の地域特有の岩石で、流紋岩、流紋岩質
の溶結凝灰岩、花崗斑岩をまとめて湖東
流紋岩類とされています。安土城や彦根
城の石垣には、湖東地域で切り出された
湖東流紋岩が使われています。

[採石された地域]

滋賀県長浜市竹生島

\ 宝石の名前としても知られる /

黒曜岩
（こくようがん）

火成岩

| 主な造岩鉱物 | 石英 | カリ長石 | 斜長石 | 黒雲母 | 白雲母 | 角閃石 | カンラン石 | 普通輝石 |

ガラス質の火山岩です。黒色、灰色、赤色、褐色などのものがあり、緻密でガラス光沢をもっています。石器時代には石器の材料として用いられました。黒曜石という名前の宝石としても知られています。岩石中に含まれる水分量によって黒曜岩＜真珠岩＜松脂岩と変化します。

\ 破砕したかけらが真珠に見える /

真珠岩
（しんじゅがん）

火成岩

| 主な造岩鉱物 | 石英 | カリ長石 | 斜長石 | 黒雲母 | 白雲母 | 角閃石 | カンラン石 | 普通輝石 |

同心円状の細かい割れ目を特徴とするガラス質の流紋岩質火山岩で、破砕すると球状のかけらとなり、その見かけが真珠に似ていることから、名付けられました。色は灰色、黒色、暗褐色などがあります。

\ 樹脂に似た光沢をもつ /

松脂岩
（しょうしがん）

火成岩

| 主な造岩鉱物 | 石英 | カリ長石 | 斜長石 | 黒雲母 | 白雲母 | 角閃石 | カンラン石 | 普通輝石 |

松脂岩（ピッチストーン）は黒色、灰色、暗緑色、褐色で樹脂状光沢をもち、その名の通り、松やにのような樹脂に似た光沢をもちます。流紋岩質の成分で、ほとんど結晶を含まないガラス質の火山岩です。

[採石された地域]

佐賀県伊万里市腰岳

[採石された地域]

福島県伊達郡

[採石された地域]

大阪府南河内郡太子町

ZOOM

黒曜岩

見分けるポイント ①

黒く光り、へりが刃のように鋭い。黒曜石は別名天然ガラスといわれる

ZOOM

真珠岩

見分けるポイント ①

同心円状の細かい割れ目が特徴。黒曜石に比べると小さく割れてしまう

ZOOM

松脂岩

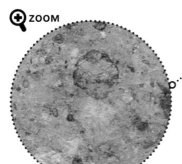

見分けるポイント ①

樹脂状の光沢、松やに状を示している。黒色、灰色、暗緑色、褐色が特徴

北海道遠軽町の黒曜石

黒曜岩は溶岩として地表に噴出したもので、古代から石器、飾り石などに多用されてきた。現在でも研磨してカフスボタン、ネックレス、ペンダントなどの装身具に用いられている。遠軽町の露頭では、迫力満点の黒曜石を見ることができる。

北海道遠軽町

北海道奥尻島勝間山の真珠岩

真珠岩は加熱により膨張する性質をもつガラス質火山岩の総称で、急激に熱を加えると岩石中に含まれていた水が水蒸気に変化し、小さな空孔が多数形成される。そのため体積は20倍にも膨らむ性質がある。この性質を利用して軽量骨材原料，防音材，断熱材として使われる。

北海道奥尻島勝澗山

愛知県鳳来寺山の松脂岩

鏡岩は鳳来寺山の象徴ともいえる岩壁で、高さ70m、幅200〜250mほどある。鏡岩基部はガラス質のデイサイト、本体は主に松脂岩化した塊状の流紋岩からできている。鳳来寺山は1931年に国の名勝天然記念物に指定され、2007年に日本の地質100選に選定された。

愛知県新城市

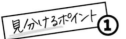

短冊形をした長石の結晶が平行に配列

粗面岩
（そめんがん）

火成岩
┌─────┐
│深成岩 │火山岩│
└─────┘

主な
造岩鉱物　石英　カリ長石　斜長石　黒雲母　白雲母　角閃石　カンラン石　その他

見分けるポイント①

斑晶があるため、短冊状の長石
の結晶は、斑晶を避けるように
うねって並んでいる

日本では
あまり見られない
火山岩

粗面岩石英をほとんど含まず、カ
リ長石を主成分とする火山岩で
す。粗面組織は短冊形をした長石
の小さい結晶がほぼ平行に配列し
た石基をもちます。表面がざらざ
らした感触が名称の由来です。閃
長岩と同成分の火山岩で、カリ長
石の微晶を主とする石基中に有色
鉱物の斑晶を有し、灰白・淡緑色
などを呈しています。日本ではあ
まり産出しません。

[　採石された地域　]

愛知県新城市大野

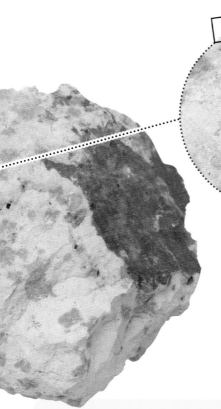

見分けるポイント②

⊕ ZOOM

ざらざらした感触の表面
が特徴

COLUMN

沖縄県腰岳西側海岸の粗面岩

沖縄県伊平屋島中部の腰岳西側海岸と阿波
岳西側海岸の一部に、伊平屋島では珍しい
2つの岩石を見ることができる。表面は変
質により緑色を帯びているため、緑色岩類
とも呼ばれることもあるが、その元になっ
た岩石は玄武岩と粗面岩だ。どちらもマグ
マから形成された岩石である。

沖縄県伊平屋島

デイサイト

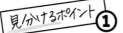

火成岩

| 深成岩 | 火山岩 |

主な造岩鉱物 石英 カリ長石 斜長石 黒雲母 白雲母 角閃石 カンラン石 その他

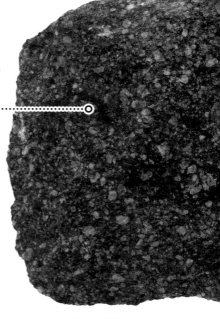

見分けるポイント ①

斑点状の斑晶が石基に取り囲まれた状態が特徴

斑状組織の代表

デイサイトは、火山岩の一種です。深成岩では花崗閃緑岩に対応し、安山岩と流紋岩の中間的な性質で「石英安山岩」と呼ばれることもあります。斑晶として黒雲母・角閃石・輝石、斜長石・石英等を含みます。

[採石された地域]

奈良県宇陀市

見つけるポイント **2**

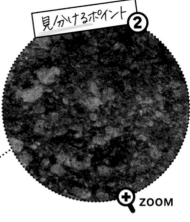

+ ZOOM

黒や白の小さな
鉱物がある

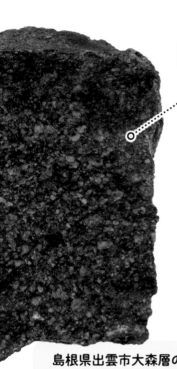

COLUMN

島根県出雲市大森層のデイサイト

島根県出雲地域には、大森層(1450〜
1400万年前)のデイサイトが広がってい
る。堆積当時は浅海や陸上での火山活動が
盛んで、安山岩やデイサイトの溶岩が多く
噴出されたと考えられる。粘性が高いのが
特徴で、高くて急な山をつくりやすいため、
険しい崖を伴った露頭が多く見られる。

島根県出雲市

ZOOM

平べったい長柱状の
角閃石が見られる

神奈川県立生命の星・地球博物館（KPM-NL30191）

角閃石デイサイト
（かくせんせき）

| 火成岩 |
| 深成岩 | 火山岩 |

[　採石された地域　]

島根県太田市

ガラスのような光沢

灰色や淡い灰色の石基に、ガラスのように光沢のある角閃石と斜長石が含まれています。黒く丸っこい形状の黒雲母斑晶に比べ、角閃石斑晶は黒く平べったい長柱状の形をしています。デイサイトは安山岩とよく似ているため判別が難しいとされますが、角閃石や黒雲母が含まれていれば、デイサイトである可能性が高くなります。

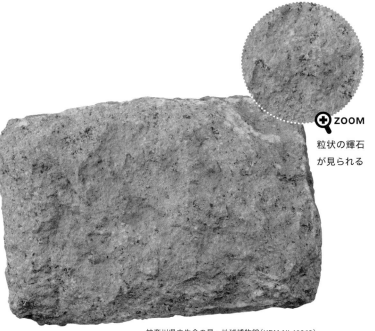

ZOOM

粒状の輝石
が見られる

神奈川県立生命の星・地球博物館（KPM-NL40963）

輝石デイサイト

<ruby>輝<rt>き</rt>石<rt>せき</rt></ruby>

火成岩
深成岩　火山岩

コロコロとした輝石が特徴

灰色や淡い灰色の石基に、短柱状の
コロコロとした輝石を多く含んだデ
イサイトです。黒っぽい輝石が粒状
に見えます。

[　**採石された地域**　]

神奈川県足柄下郡
湯河原町

安山岩
あんざんがん

主な
造岩鉱物　石英　カリ長石　斜長石　黒雲母　白雲母　角閃石　カンラン石　輝石

見わけるポイント①

安山岩は斑状組織で、
細かい基質がある

板状や柱状の節理が
発達している

安山岩は火成岩の一種で、日本で最
も多く見られる火山岩です。安山岩
は溶岩が地表に噴出する前に、すで
に結晶が少しできていて(斑晶)、噴
出してから急に冷えて小さな鉱物の
集まり(石基)ができるため、斑状組
織となります。日本の火山の多くは
安山岩からできています。

[　採石された地域　]

新潟県妙高市

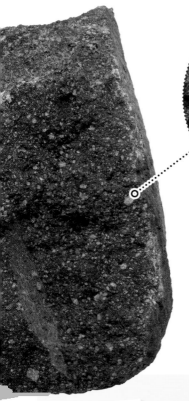

見分けるポイント②

ZOOM

灰色の石基に、白色の長石、黒色の輝石が細長い形の斑晶がある

長野県栄村中野の安山岩

ガラス分が多いため黒い光沢があるのが特徴の無斑晶ガラス質安山岩。長野県・中野の露頭や長瀬新田の川原で観察できる。約150〜100万年前、関田山脈周辺で始まった火山活動によって、毛無山の噴出物が古信濃川に流れ込んだとされ、その溶岩の中には、無斑晶ガラス質安山が含まれていた。

長野県下水内郡栄村中野

複輝石安山岩

斑状の青灰色の岩石

複輝石安山岩は白色の斜長石と黒色の輝石を斑晶として顕著に含む、斑状の青灰色の岩石で、大きな斑晶とそれを取り巻く細かな石基が明瞭に区別されます。短冊状をした白〜灰色の結晶は斜長石で、大型の斑晶や細かな石基として数多く含まれます。

ZOOM

細長い角閃石とコロっと
丸い輝石の粒が見られる

角閃輝石安山岩

角閃石と輝石を含む

[採石された地域]

神奈川県箱根町

角閃輝石安山岩はもっとも一般的な安山岩です。長細い形をしている角閃石とコロっとした輝石の両方を構成成分とする安山岩です。濃緑色〜黒色で、光をあてると鉱物の伸びている方向に平行なスジが見えます。輝石の色は褐色〜黒褐色で、90°に交わる2方向のへき開面が目立ちます。

+ ZOOM

普通輝石と紫蘇輝石の2種を含んでいる

+ ZOOM

柱状の紫蘇輝石が見られる

紫蘇輝石安山岩
し　そ　き　せき　あん　ざん　がん

ビール瓶のような褐色をしている

[採石された地域]

鹿児島県鹿児島市桜島

紫蘇輝石を含む安山岩です。紫蘇輝石は、ビール瓶のような透明感のある褐色をしているため、他の安山岩と比べても、暗めの色が印象的な岩石になります。また、紫蘇輝石はガラス光沢を持ち、自形結晶は短柱状です。

角閃石安山岩
かくせんせきあんざんがん

火成岩

| 深成岩 | 火山岩 |

主な
造岩鉱物 石英 カリ長石 斜長石 黒雲母 白雲母 角閃石 カンラン石 輝石

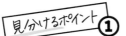

見分けるポイント ①

安山岩の角閃石は閃緑岩中
の角閃石（緑黒色）と異なり
黒褐色のものが多い

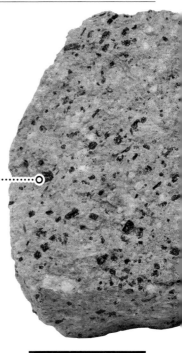

柱状の結晶で、
底面の断面は六角形

角閃石を含んだ安山岩です。角閃石
のなかでも普通角閃石を多く含みま
す。黒雲母に似ていますが、普通角
閃石は硬度が高く、針で突くと少し
傷がつく程度です。

[採石された地域]

群馬県高崎市榛名山

見分けるポイント②

🔍 ZOOM

角閃石は黒色針状で良く目立ち、斑晶と石基が区別できる

COLUMN

熊本県三角岳の角閃石安山岩

熊本県宇城市三角

三角町大田尾の海水浴場を西に過ぎると、海岸まで切り立った崖がせり出しているのが見える。その崖には数か所の採石場があり、北側では崖全体に白っぽい安山岩が確認できる。また、採石場の入り口付近では見事な板状節理を見ることができ、角閃石安山岩が観察できる。

サヌカイト

	火成岩	
深成岩		火山岩

主な
造岩鉱物　石英　カリ長石　斜長石　黒雲母　白雲母　角閃石　カンラン石　**輝石**

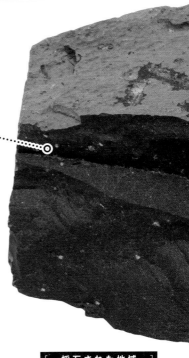

見かけるポイント①

斑晶がほとんど見られ
ない。固くて、叩くと
高く澄んだ音がする

讃岐の地名から
名付けられた

サヌカイト(讃岐岩)は、名称
のもとである讃岐の国(香川県
坂出市国分台周辺)や大阪府と
奈良県の境にある二上山周辺
の限られた場所でしか見られ
ない、非常に緻密な古銅輝石
安山岩です。およそ1400万
年前に火山から噴出した溶岩
からできています。岩質は固
く、叩くと高く澄んだ音がす
るので、カンカン石とも呼ば
れています。サヌカイトは、
玄武岩や安山岩と比べて斑晶
が少ないことが特徴です。

[採石された地域]

香川県坂出市

見分けるポイント②

➕ ZOOM

黒色、緻密、硬堅、玄武岩や
安山岩と比べて斑晶が少ない。
風化面は白くなる

COLUMN

香川県飯野山のサヌカイト

讃岐富士とも呼ばれる飯野山は、
花崗岩の土台の上にサヌカイトが
被さり、できている。割れると鋭
利な切り口が表れるため、古代で
は石器として重宝されていた。ま
た、現代では、「楽器」としても利用
されている。

香川県丸亀市

ボニナイト

火成岩
火山岩
深成岩

主な造岩鉱物 石英 カリ長石 斜長石 黒雲母 白雲母 角閃石 カンラン石 輝石

見/かけるポイント ①

うぐいすのような色。
父島西海岸では綺麗な
深い緑色をしている

弧状列島の島弧火山で形成される

ボニナイト（無人岩）は安山岩の一種で、マグネシウム含有量の高い安山岩の中で特に、かんらん石、古銅輝石、単斜頑火輝石、普通輝石、クロムスピネルから形成され、斜長石を含まない、ガラス質の火山岩です。日本の火山のようなプレートの沈み込み帯に分布する弧状列島の火山（島弧火山）でも、特殊な条件で形成されます。

[採石された地域]

東京都小笠原村

見分けるポイント❷

➕ ZOOM

小さな穴がたく
さんあいている

東京都小笠原諸島のボニナイト（無人岩）

小笠原諸島の一部を構成する海底火山で噴
出したボニナイト。その名前は、小笠原諸
島を指して呼んだ無人島（ぶにんじま）が由
来とされている。無人岩はマグネシウムを
多く含むガラス質の安山岩で斜長石を含ま
ず、単斜エンスタタイトという特別な鉱物
を含む点で、珍しい岩石だ。

東京都小笠原村

玄武岩
<ruby>玄<rt>げん</rt></ruby><ruby>武<rt>ぶ</rt></ruby><ruby>岩<rt>がん</rt></ruby>

火成岩 → 火山岩

主な造岩鉱物　石英　カリ長石　斜長石　黒雲母　白雲母　角閃石　カンラン石　輝石

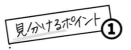

見分けるポイント ①

きめが細かく、全体が黒い

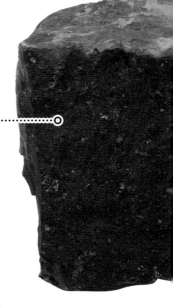

富士山や伊豆七島の溶岩も玄武岩

玄武岩は火山岩の一種です。地球の表面に最も多く見られる岩石の一つで、ほとんどの海洋底は玄武岩でできています。輝石、カンラン石などの有色鉱物に富んでおり、新しい玄武岩は黒色、変質や酸化の影響を受けた玄武岩は赤茶色を帯びています。火山岩には、多くの種類がありますが、日本に産する火山岩は大きくわけて玄武岩・安山岩・流紋岩の3種です。

[採石された地域]

長崎県佐世保市
瀬戸越町

見かけるポイント ②

+ ZOOM

斑晶は肉眼で見えないほど小さい。
比重が大きく少し重く感じる

COLUMN

兵庫県玄武洞の玄武岩

国の天然記念物「玄武洞」は160万年前に行われた火山活動により噴出したマグマが、冷えて固まる時に作り出した規則正しいきれいな割れ目が玄武洞だ。六角形の無数の玄武岩が積み上げられた不思議な美しさは、今日も人々を惹きつけている。玄武岩の日本語名はこの玄武洞にちなんで1884年に命名された。

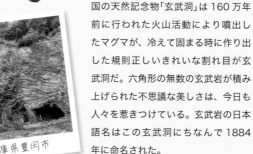

兵庫県豊岡市

玄武岩
東京都大島町三原山産

小さな細かい穴がたくさんあいている

伊豆大島の玄武岩は、白い斑晶と発泡して抜けた小さな穴が特徴的です。伊豆大島は玄武岩質マグマの噴火でできた成層火山で、島の中央に位置する標高758mの活火山である三原山の頂上は、カルデラ内にある中央火口丘となっています。

ZOOM
大きな穴の中に
鉱物が見られる

玄武岩
新潟県間瀬産

大きな穴のなかに鉱物ができる

玄武岩には、ガスが抜けた後に残った気泡がたくさんあり、その空隙にケイ酸塩鉱物である沸石や魚眼石が生成されています。魚眼石は透明から半透明で、ガラス光沢や真珠光沢がありますが、アルミニウムが含まれていません。また、硬度も沸石類と比べやや小さいなどの違いがあります。

[**採石された地域**]

新潟県新潟市間瀬

ZOOM

小さな穴がたくさん
あいている

ZOOM

薄いピンク色の鉱物
を含んでいる

玄武岩
佐賀県唐津市産

ピンクの結晶を含む

カルシウム（Ca）とイットリウム（Y）の含
水炭酸塩鉱物である「木村石」が含まれた
玄武岩。「木村石」とは、アルカリカンラ
ン石玄武岩の空隙から発見された、やや
ピンク色を帯びた放射状結晶です。東京
大学の木村健二郎氏の無機化学分析、特
に希土類元素分析における業績をたたえ
て命名されました。

[採石された地域]

佐賀県唐津市

ドレライト

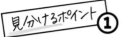

火成岩
火山岩
深成岩

主な
造岩鉱物 | 石英 | カリ長石 | 斜長石 | 黒雲母 | 白雲母 | 角閃石 | カンラン石 | 輝石

見分けるポイント ①

ゆっくり冷えるためガラスは
含まず、ルーペで拡大すると
結晶の集まりが見える

外観は緻密で暗灰緑色

ドレライト（粗粒玄武岩）は、玄武岩
質のマグマが地下に貫入して、比較
的ゆっくり冷えたときにできる岩石
で、玄武岩の石基部分の結晶が大き
くなった火山岩です。半深成岩とも
いいます。斑レイ岩ほど結晶は大き
くはありません。有色鉱物の角閃石・
輝石・カンラン石などの割合が
50％程度と高く、玄武岩と同じ
ような化学組成をもつ中粒の火成岩
で、普通輝石の大きな結晶の中に斜
長石の細長い結晶が一部分はめ込ま
れたように組み合わさった組織を示
すことが多いです。

[採石された地域]

山梨県大月市笹子町

見分けるポイント ②

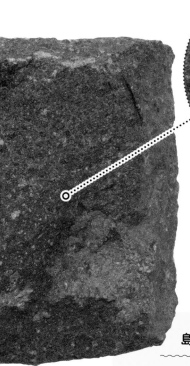

➕ZOOM

結晶のサイズが不揃いで
白い鉱物が見られる

COLUMN

島根県小伊津のドレライト

島根県小伊津町

島根県小伊津周辺では火成岩の路頭が見られ、その中にドレライトが確認できる。また小伊津〜三津の地層は、成相寺層の頁岩と牛切層の砂岩・頁岩の互層からなる。およそ1450万年前のこの頃は、日本が大陸から離れ日本海の拡大が終わったころにあたる。

緑色岩

りょくしょくがん

火成岩

深成岩	火山岩

主な
造岩鉱物　｜ 石英 ｜ カリ長石 ｜ 斜長石 ｜ 黒雲母 ｜ 白雲母 ｜ 角閃石 ｜ カンラン石 ｜ その他 ｜

見かけるポイント ①

枕状の構造や塊状の
ものが多い

岩石の色調は濃緑色ないし淡緑色

緑色岩とは玄武岩や玄武岩質火砕岩が、比較的低温の変成作用を受けたもので、緑泥石や緑簾石、緑閃石などを含む緑色の火山岩です。より高い温度では角閃岩になります。海底に噴出した溶岩から生成し、枕状溶岩の形態を示すことが多いです。鉱物の種類によって濃緑色ないし淡緑色、もしくは赤紫色になっています。

[採石された地域]

和歌山県日高郡
美浜町三尾

見分けるポイント ②

ZOOM

色調は濃い緑色や淡い緑色
をしている

COLUMN

群馬県下仁田の緑色岩

群馬県青岩公園の岩畳は御荷鉾緑色岩とよ
ばれる変成岩の仲間。海底で噴出した玄武
岩の溶岩、玄武岩質火砕岩（凝灰岩・火山
角礫岩）、斑レイ岩などが、比較的低い温
度と圧力による変成作用を受けてできた。
どの岩石も全体に緑色を帯びていることか
ら、総称して緑色岩と呼ばれている。「御荷
鉾」の名称は群馬県神流町と藤岡市に位置
する御荷鉾山に由来している。青岩公園の
岩畳のもとの岩石は、玄武岩質火山砕屑岩。
新合ノ瀬橋下右岸には、高さ3mを超える
巨大な転石に枕状溶岩がみられる。

群馬県甘楽郡下仁田町

まるで日本の石材博物館!?

国会議事堂の石材物語

　国会議事堂は全国各地から集められた国産の石材がふんだんに使用されている。外壁や柱、通路には徳山石といわれる山口県黒髪島産や広島県産、新潟県産の花崗岩(御影石)が使われていたり、内装の柱や壁には、北は岩手県から沖縄県まで全国の石灰岩・大理石が使われていたり、場所によっては大きいサンゴの化石などが見られたりする。また、中央広間と御休所前広間の床には、14種類の大理石を細かく割って形をそろえ、160万個を組み合わせながらひとつずつ埋め込んだ大理石モザイクが見られる。描き出されたみごとな模様は圧巻だ。

　このように、国会議事堂はただの建築物としてだけではなく、日本の地質の多様性を体現するシンボルでもある。訪れる際はその美しい外観だけでなく、足元や壁に刻まれた石材たちの物語にも注目してみよう。

3章

堆積岩

堆積岩は、鉱物や岩石片が固まってできた岩石。

固まった物質によって、

火山砕屑岩、砕屑岩、生物岩、火山堆積岩に

分類されます。

堆積岩を見分けよう

たいせきがん

何が積み重なってできたかで見分ける！

**火山灰や溶岩が
降り積もってできた**

火山砕屑岩

かざんさいせつがん

火山の噴火による噴出物である火山灰や溶岩のかけらが降り積もると火山砕屑岩（火砕岩）になります。噴出物は積もって別の場所に流されて堆積することもあるため、堆積岩であり火山岩ではありません。火山灰が堆積すると凝灰岩、火山灰と火山岩片が混ざると火山礫凝灰岩など粒子の大きさで分けられます。

凝灰岩

▶ P96-97

礫岩

▶ P114-115

**礫、砂、泥などさまざまな
大きさの粒子でできた**

砕屑岩

さいせつがん

地表の岩石が崩れていく風化によって礫、砂、泥などの異なる大きさの粒子である砕屑物になります。砕屑物が削られ運ばれる侵食では、流れる速さによって大きな塊と沈澱しない細かい粒子に分かれます。河川や湖、海底などに溜まって動かない粒子が砕屑岩になります。

いろいろな岩石が海や川などの水によって風化したり砕かれたりして積み重なったところに、地層が積もっていく重みで硬くなってできたのが堆積岩です。堆積岩は、地層を構成する粒子の成分によって4つに分類されます。

海底で死骸が積み重なってできた
生物岩
せいぶつがん

炭酸カルシウムや二酸化ケイ素からできた骨格などを持つ海の生物が死んで、海底などで死骸が積み重なって堆積岩ができると生物岩に分けられます。堆積する成分がサンゴ礁の死骸では石灰岩、放散虫などの死骸ではチャートに分けられます。岩石のほとんどの部分が化石で構成されています。

オニックスマーブル
▶P150-151

科学的な沈殿の影響でできた
化学的堆積岩
かがくてきたいせきがん

水の蒸発や化学的な沈殿によって、海や湖の水に元々あった物質が固まって堆積岩になると、化学的堆積岩と呼ばれます。海水や湖の塩水が蒸発すると岩塩、鍾乳洞の石灰分が水の中に沈殿するとトラバーチンができます。

石灰岩
▶P130-131

火山灰が固まった岩石

凝灰岩
ぎょうかいがん

堆積岩			
火山砕屑岩	砕屑岩	生物岩	化学的堆積岩

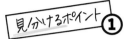

見分けるポイント①

他の岩石よりも軽く
やわらかな風合い

流水に運ばれず、角ばった形

凝灰岩は、火山から噴出された火山灰が地上や水中に堆積してできた火山砕屑岩です。数mm以下の細かい火山灰が固まってできた岩石なので、風化しやすく表面がザラザラしています。色は、白色・灰色から暗緑色・暗青色・赤色などさまざまな色があります。

[採石された地域]

兵庫県神戸市

見分けるポイント ②

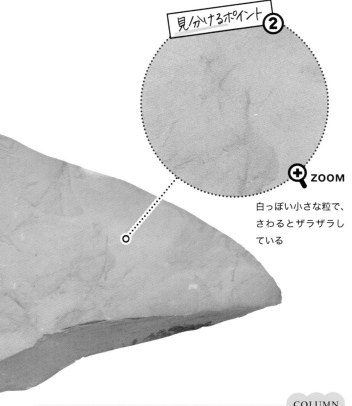

⊕ ZOOM

白っぽい小さな粒で、
さわるとザラザラし
ている

COLUMN

東洋のナイアガラ「吹割の滝」

凝灰岩は河川などの侵食に弱いため、
さまざまな形に侵食され風光明媚な
地形を作ることがある。東洋のナイ
アガラと呼ばれる、群馬県の「吹割の
滝」や吹割渓谷は凝灰岩や溶結凝灰岩
を削り込んでできており、河床は平
坦なところが多い。

群馬県沼田市

溶結凝灰岩

<small>よ う け つ ぎ ょ う か い が ん</small>

堆積岩		
火山砕屑岩	砕屑岩	生物岩 化学的堆積岩

見分けるポイント ①

非溶結は軟らかく、
溶結凝灰岩は硬い

柱状節理が
発達しやすい

溶結凝灰岩は、凝灰岩の一種です。
火山の噴火によって発生した大規模
な火砕流が、熱をもったまま一気に
地上に積もったため、噴出物自身が
持つ熱と重量によって、その一部が
融解し圧縮されてできました。熱に
よって火山灰が溶結しているので、
とても硬いのが特徴です。なかでも
主に軽石からなる溶結凝灰岩はイグ
ニンブライトと呼ばれ、軽石などの
白い岩片がレンズ状に引き伸ばされ
ているのが特徴です。

[　採石された地域　]

神奈川小田原市

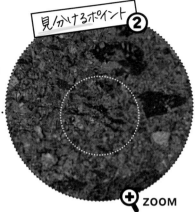

見分けるポイント ②

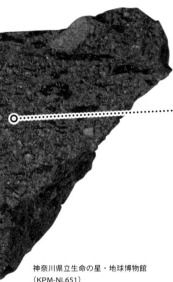

ZOOM

溶結作用と自重で軽石が扁平に押しつぶされている。丸で囲んだ部分の黒い筋が押しつぶされた軽石

神奈川県立生命の星・地球博物館
（KPM-NL651）

COLUMN

長野県上野原の溶結凝灰岩の露頭

溶岩やマグマが冷えて固まるとき、少し体積が小さくなって縮む。そのときにできる五角形や六角形の柱状の割れ目を柱状節理という。長野県の上野原から栃川中流域にいたる林道沿いや布岩山東斜面の標高1250m付近に溶結凝灰岩の露頭が見られ、輝石安山岩質のものや柱状節理も観察できる。

長野県下水内郡栄村
上ノ原

火山礫凝灰岩
（か ざ ん れ き ぎょう か い が ん）

堆積岩			
火山砕屑岩	砕屑岩	生物岩	化学的堆積岩

火山灰の中に
数cmの火山礫

火山礫凝灰岩は火山砕屑岩の一種で、火山灰の中に数 cm の角ばった溶岩（火山礫）が混じって固まった岩石のことを指します。火山砕屑岩は火山砕屑物（火山灰や火山礫）が堆積してできた岩石の総称で、粒の大きさによって「凝灰岩（〜 2mm）」「火山礫凝灰岩（2mm 〜 64mm）」「凝灰角礫岩（64mm 〜）」に分かれ、火山岩片の量が多くなると「火山角礫岩」になります。凝灰岩は灰色や茶色などの色合いを持ち、小さな粒子が固まってできています。異なる種類の火山礫が含まれることもあるのが火山礫凝灰岩の特徴で、火砕流や土石流によって流され、火口から離れた場所で見つかる場合もあります。

[採石された地域]

富山県富山市

見分けるポイント ①

軽石を含んでいる
ので小さな穴があ
いている

見分けるポイント ②

ZOOM

いろいろな火山礫
が混ざっている

COLUMN

静岡県西伊豆の火山礫凝灰岩

静岡県・枯野公園付近の海岸では、海底
噴火の痕跡を観察することができる。お
およそ400万年前ごろに繰り返し起こっ
た噴火により、さまざまな噴出物が地層
を形成している。また磯場では、軽石や
火山灰層が水底土石流として流れたこと
でできた火山礫凝灰岩も見られる。

静岡県賀茂郡西伊豆町

緑色凝灰岩

りょくしょくぎょうかいがん

堆積岩			
火山砕屑岩	砕屑岩	生物岩	化学的堆積岩

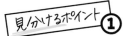

見分けるポイント ①

ところどころ大きめの穴
があいている

造山運動でできた
変成鉱物

緑色凝灰岩は、凝灰岩のうち緑色系
統の色調を呈する物のことを指しま
す。グリーンタフの名前でも知られ、
秋田県男鹿半島の館山崎のフィール
ドネームが発祥の地だとされていま
す。緑色凝灰岩が緑色の理由は、岩
石に含まれる雲母・角閃石などの造
岩鉱物が、熱水変質作用により緑泥
石という緑色の鉱物に変わるためで
す。また、緑色や緑白色や淡緑色な
ど、産出場所によって色調はさまざ
まです。

[**採石された地域**]

栃木県宇都宮市

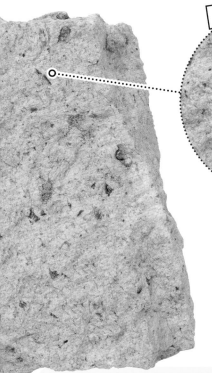

見分けるポイント②

ZOOM

比較的薄い緑、白みがかったり
淡い色の緑色をもつ岩石

COLUMN

島根県猪目洞窟の緑色凝灰岩

島根県出雲市

島根県の猪目洞窟は、奥行き50mの海
食洞窟。ここでは緑色凝灰岩の露頭が見
られ、礫の層を観察することができる。
また、入り口付近に見られる堆積層から、
縄文時代から古墳時代にかけての埋葬や
生活を物語る遺物が発見されている。

見分けてみよう！ ☑ 含まれる鉱物の量や種類によって
色味が異なる岩石

緑色凝灰岩

堆積岩			
火山砕屑岩	砕屑岩	生物岩	化学的堆積岩

緑色凝灰岩に含まれる輝石・角閃石などの造岩鉱物
は、熱水変質作用によって緑泥石という緑色の鉱物
に変わったため緑色になっています。

ZOOM
全体的に薄
い緑色をし
ている

ZOOM

もろくて崩れやすい。白緑色をしている

大谷石
おおやいし

（浮石質凝灰岩）
うきいししつぎょうかいがん

	堆積岩		
火山砕屑岩	砕屑岩	生物岩	化学的堆積岩

小さい気泡が目立つ

群馬県大谷町に分布する緑色凝灰岩。水に濡れると緑が濃く見えるようになります。「ミソ」と呼ばれる粘土質の塊が多く入っていて茶色の斑点のようなものが見えます。火山灰とともに噴出する軽石を含むことから浮石質凝灰岩ともいいます。

[採石された地域]

栗木県大谷町

火山弾
（かざんだん）

堆積岩			
火山砕屑岩	砕屑岩	生物岩	化学的堆積岩

見ノかけるポイント①

角がねじれている

大きなものは
数十mのものも

火山弾とは、火山の噴火で空中に放出された溶岩の一部が、落下する前に冷却・形成される直径64mmより大きい火山岩塊です。火山弾そのものは溶岩が冷え固まったものなので火山岩と言えなくもありません。(次ページ軽石も同様)。火山弾はさまざまな形を持ち、紡錘状・球状・リボン状・パン皮状など、特徴的な形状をしています。また、落下した時点で固まっていなかった火山弾は、牛糞状、皿状火山弾のような形状になることもあります。火山弾は遠いものでは火口から数km飛散します。

[採石された地域]

富士山

見かけるポイント ②

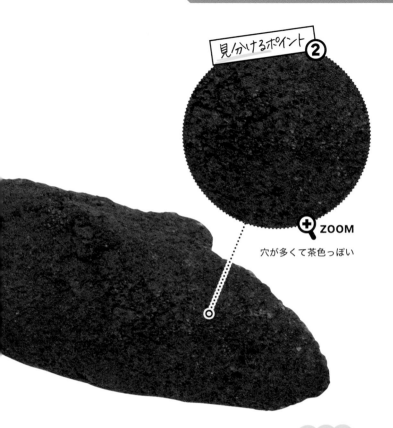

➕ ZOOM

穴が多くて茶色っぽい

COLUMN

静岡県大室山の火山弾

静岡県には、火口の周りに火山弾や、スコリアという発砲したマグマのしぶきなどが積もってできたスコリア丘と呼ばれる火山で天然記念物にも指定されている「大室山」がある。

静岡県伊東市

軽石
かるいし

堆積岩			
火山砕屑岩	砕屑岩	生物岩	化学的堆積岩

見/かけるポイント①

大きめの穴が多い

水に浮くので軽石

軽石とは、多孔質で密度の小さい火山砕屑物の一種で、浮石や浮岩とも呼ばれます。水や二酸化炭素、火山ガスを含んだ溶岩が急速に冷却・減圧されてできる岩石で、それらが炭酸飲料のように気泡として発生した状態で固まったものです。そのため、全体に多数の穴があいているのが軽石の一番の特徴です。また、火山砕屑物の中で色調が淡色のものを軽石、暗色のものをスコリアと呼びます。これらの岩石は結晶構造を持たないことから火山ガラスに分類されることもあります。

[採石された地域]

静岡県伊豆市

見分けるポイント **2**

ZOOM

色調が淡い色のもの
が軽石

COLUMN

青森県ちぢり浜の軽石

津軽海峡に面するちぢり浜で
は、奇妙な形の岩やポットホー
ル（岩の表面にあいた穴）が多
く見られる。これは長い時間
をかけて波が岩を削った結果
できたものだ。また、寒流と
暖流の２つの海流の影響を受
けるため、様々な生き物が岩
に生息している。岩の上部層
に軽石が多く含まれる。

青森県むつ市

石全体が白く、穴が数多くあいている

鹿沼土
かぬまつち

農業や園芸に使われる

栃木県鹿沼市で採れる軽石の総称。丸みを帯びており、少し硬めの軽石です。土と呼ばれるほど、風化し、小さくなったもので、水分を含むと黄色に、乾燥すると白くなるのが特徴です。また、粒の表面に小さな穴が多数あいているため、保水性・排水性に優れ、農業や園芸に使われています。約3万年前に群馬県の赤城山が噴火したときにできた軽石だと見られています。

粒は小さく、乾いていると白いが水分を含むと黄色くなる

[**採石された地域**]

栃木県鹿沼市

軽石 白く大きな穴があいている石

軽石は、溶岩が短時間で冷える際にガスが噴き出してできた、流紋岩や安山岩タイプの石。二酸化ケイ素の割合によって色が異なります。二酸化ケイ素が多いほど色は白くなり、少ないほど色は黒くなります。軽石は二酸化ケイ素が多いため色が白く、大きな穴があいています。穴の大きさはマグマの流れによって異なります。

小さいものが多く、色は黒

スコリア

火山灰にならない軽石

「スコリア」は、玄武岩質で無数の穴があいている石。この石の特徴は、「軽石」と異なり、ケイ素が少ないので色が白ではなく黒色をしています。「スコリア」は、トンカチで粉砕しても、火山灰にはならない。火山岩自体に含まれるケイ素が少ないと黒い火山岩になるので、黒くなれば、「スコリア」と呼びます。

[採石された地域]

静岡県伊東市

ハイアロクラスタイト

堆積岩		
火山砕屑岩	砕屑岩 生物岩	化学的堆積岩

見分けるポイント①

全体的にガサガサ
した質感で緑色を
している

粉砕されたガラス

ハイアロクラスタイトは、水中で形成される火山砕屑岩です。溶岩が海水中で噴出したり、陸上の火山から水中へ一気に流れ込んだりした結果、水中で冷却・破砕を繰り返し、海底や湖底に堆積したのが、ハイアロクラスタイトです。本来はガラス質ですが、風化により粘土質っぽくなる場合もあります。また、現在では安山岩質・デイサイト質・流紋岩質の溶岩・岩脈・ドーム等が水中で破砕され形成された破片の集合物としても広義に用いられています。

[採石された地域]

広島県廿日市市

見分けるポイント ②

➕ ZOOM

不均質でまだら模様

神奈川県立生命の星・地球博物館
（KPM-NL691）

COLUMN

島根県斐伊川放水路のハイアロクラスタイト
ひ い かわほうすい ろ

島根県斐伊川放水路付近の露頭
は、おもに水の働きでできた地
層で、多くの化石が産出される。
栗原岩樋側から見た露頭では、
中央から右側にかけて黒っぽく
見える部分にハイアロクラスタ
イトの層が確認できる。

島根県出雲市

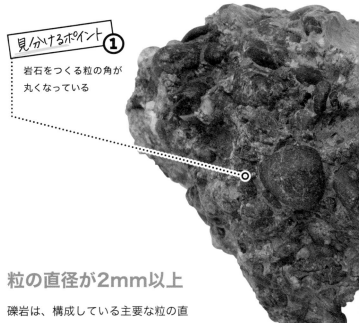

石ころの集合体

礫岩
れきがん

堆積岩		
火山砕屑岩	砕屑岩	生物岩 / 化学的堆積岩

見分けるポイント ①

岩石をつくる粒の角が
丸くなっている

粒の直径が2mm以上

礫岩は、構成している主要な粒の直
径が 2mm 以上のものを指します。
陸地の山地における隆起、侵食でで
きた岩石の破片や土砂が、川や流水
で運搬されて河道（川原）や海岸近く
に堆積して形成されます。また、礫
岩にはいろいろな種類の岩石の礫が
含まれていることが多く、川の流域
や周辺の地質を教えてくれる堆積岩
です。

[採石された地域]

神奈川県相模原市

見分けるポイント ②

ZOOM

表面がデコボコした感じで、1つ1つの粒子が肉眼で識別できる

COLUMN

埼玉県新田橋の礫岩

埼玉県の親水公園「ウォーターパークシラヤマ」内にある新田橋の礫岩露頭は、古秩父湾の消滅を告げる場所として国の天然記念物に指定されている。古秩父湾は陸地から崩れた角礫などが埋積された他、崖から崩れたふぞろいで角ばった礫が流れて堆積し、礫岩となった。対岸の新田橋上流でも見られる。

埼玉県秩父郡横瀬町

礫岩
れきがん
和歌山県湯浅町産

ZOOM
石の塊がくっついて
いるものもある

表面が滑らか

和歌山県有田郡湯浅町の礫岩です。湯浅地方は白亜系の代表的露出地域の一つであり、湯浅地方の白亜紀前期（約1億3000万年前）に形成された地層では、恐竜の歯やアンモナイトなど多くの化石が発見されることがあります。

[　採石された地域　]

和歌山県有田郡
湯浅町

礫岩（れきがん）
石川県白山市桑島産

表面に小さな粒がある

砂岩と泥岩からなる石川県白山市の桑島化石壁（くわじまかせきかべ）は国指定天然記念物にもなっている大きな崖で、高さは50m以上、幅は約210mあります。白亜紀前期（約1億3000万年前）の地層が露出しており、古くから植物化石が見つかっていました。近年の調査では、恐竜化石をはじめ、多種多様な動物化石が発見されています。また、ここから産出された化石のうち重要な物は、石川県の文化財に指定されています。

ZOOM
小さい石の粒が
たくさんある

[採石された地域]

石川県白山市
桑島

117

砂岩
（さがん）

堆積岩			
火山砕屑岩	砕屑岩	生物岩	化学的堆積岩

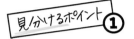

見分けるポイント ①

表面に砂粒が見える

粒度が
2mm〜1/16mm

砂岩は、砂が流水に流されて堆積し、固結してできた岩石で、堆積岩でもっとも一般的なものの一つです。砂岩の構成鉱物は石英と長石がおもで、これらに既存の岩石の破片などが加わります。砂岩の粒の大きさは、礫岩よりもはるかに細かい直径 2mm 〜 1/16mm のものを指します。砂漠の砂が固まってできた砂岩もあります。

[採石された地域]

神奈川県相模原市

見分けるポイント ②

ZOOM

軟らかいと砂粒がボロ
ボロとはがれ落ちる

COLUMN

北海道小鶉川の砂岩
こ うずがわ

小鶉川の砂岩露頭は約 170 〜 70 万年前
に堆積した地層で、砂の採取によって出現
した。「鶉層」という別名をもつ。ここで見
られる砂岩は非常にもろいため、岩石化は
進んでいない。この付近は、北海道開発局
によって立ち入りが禁止されているので合
わせて注意したい。

北海道厚沢部町

ZOOM
基質が多く全体的に
黒っぽい色調

和泉砂岩
いずみさがん

大阪府の石に選ばれた「和泉青石」

和泉層群から産出される和
泉砂岩は塊状の厚い白色砂
岩が多いのが特徴です。和
泉層群は主に海底で堆積し
た礫岩、砂岩、泥岩からなり、
北緑部の泥岩が発達する地
層では二枚貝、巻貝などの
化石を多く産出します。

[**採石された地域**]

兵庫県淡路市

ZOOM

灰色の砂の粒がたくさんある

グレーワッケ

黒っぽい砂岩

グレーワッケ(硬砂岩)は砂岩の
一種です。硬く、暗色で、角ばっ
た石英・長石・小さな岩片が多
く含まれ、石基が粘土や細かい
砂からなります。基質の量が多
くて粒と粒をがっちり固めてい
るため、硬いのが特徴です。

[採石された地域]

東京都八王子市
小仏峠

ZOOM

白っぽく、砂の粒が
大きめ

[採石された地域]

北海道夕張市

粗粒砂岩
（そりゅうさがん）

最も粗い砂粒

粗粒砂岩は大きさによる分類です。他の砂岩と比べ大きめな砂粒で
できていて粒ごとの様子がよくわかります。粒径によって、2～
1/2mm を粗粒砂岩、1/2 ～ 1/4mm を中粒砂岩、1/4 ～ 1/16mm
を細粒砂岩と細かく分類されます。

凝灰質砂岩
ぎょうかいしつさがん

堆積岩

| 火山砕屑岩 | 砕屑岩 | 生物岩 | 化学的堆積岩 |

造岩成分は
砂と火山灰

凝灰質砂岩は日本の堆積岩の特徴
の一つで、主成分である砂に火山
灰が混じって固まってできた岩石
をいいます。泥質の中に火山灰が
混ざってできた岩石は凝灰質泥岩
（泥岩質凝灰岩）といいます。地質
時代を通じて火山活動が活発だっ
たことを物語っています。

[採石された地域]

神奈川県横須賀市

見分けるポイント ①

⊕ **ZOOM**

砂質の中に火山灰があり、
ざらっとした手触り

神奈川県立生命の星・地球博物館
（KPM-NL40894）

静岡県恵比須島の凝灰質砂岩

静岡県下田市

恵比須島は南北 200m、東西 150m ほど
の小さな無人島で、海岸沿いに露頭があ
る。そこでは、白〜灰色の縞模様の美し
い砂の層を見ることができ、その一部に
凝灰質砂岩・凝灰岩が見られる。火山か
ら噴出した軽石や火山灰が海底に降り積
もったり海流に運ばれたりしてできた。

直径が0.06mm以下の粒子からなる

泥岩
（でいがん）

粒径はシルト岩＞粘土岩

泥岩は、粒の大きさが 1/16mm 以下のものでできています。粘土鉱物からなり、有機物を含むことも多く、海底や湖沼底などに堆積した泥（シルト・粘土）が、脱水固結したものです。塊状に割れます。

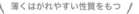

薄くはがれやすい性質をもつ

頁岩
（けつがん）

細かく平行に発達した葉理がある

泥質の堆積岩のなかで、平行に薄くはがれやすい性質をもつ岩石です。泥岩が地下深くで圧力を受けて頁岩になるため、はっきりとした区分はありません。

鳴滝砥石

珪質頁岩
（けいしつけつがん）

チャートと産出することもある

珪質プランクトンと遠洋性粘土が堆積してできた岩石です。チャートの上位に見られることも多く、京都では「鳴滝砥石」という高級砥石として採掘されています。おもに日本海側に分布する新第三紀の地層に含まれる硬質頁岩のうち、珪化したものを珪質頁岩ということもあります。

泥が積もってできた岩石

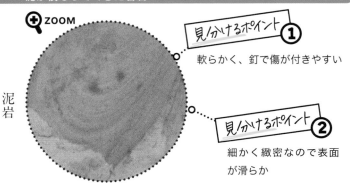

泥岩

見分けるポイント ①
軟らかく、釘で傷が付きやすい

見分けるポイント ②
細かく緻密なので表面
が滑らか

頁岩

見分けるポイント ①
泥岩と似ているが色は
灰色がかっている

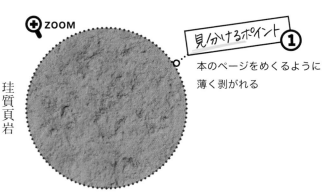

珪質頁岩

見分けるポイント ①
本のページをめくるように
薄く剥がれる

COLUMN

宮城県評定河原大露頭の泥岩
ひょうじょうがわらだいろとう

ダイナミックに切り立った自然崖がそびえ立つ評定河原大露頭では、3つの層が観察できる。そのいちばん上層にある大年寺層の中に、泥岩や砂岩が見られる。

宮城県仙台市

（広瀬川ホームページより）

COLUMN

埼玉県秩父の頁岩

不整合とは上下に重なる二つの地層の時期に大きな差が見られる場所のことで、「犬木の不整合」の下層には、山中地溝帯白亜期（約1億年前）の頁岩・砂岩が見られる。

埼玉県秩父郡小鹿野町

COLUMN

京都府京北細野の
炭素質珪質頁岩
たんそしつけいしつけつがん

京都市の京北細野町で見られる露頭では、炭素質珪質頁岩と珪質頁岩が下部で互層になっている。また、この露頭は中生代三畳紀のマンガン鉱床や炭質物と海洋底の堆積環境の変化を知るうえで、貴重な手がかりとなっている。

京都府京都市右京区

京都府レッドデータブック　撮影：楠利夫

タービダイトでできる

砂岩泥岩互層

（さがんでいがんごそう）

堆積岩			
火山砕屑岩	砕屑岩	生物岩	化学的堆積岩

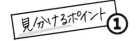

見/かけるポイント①

砂岩層は泥岩層よりも
淡い色のことが多い

一回の混濁流で
形成される

砂岩と泥岩が交互に繰り返し堆積
してできた地層です。砂岩泥岩互
層は、通常泥が堆積する場所に、
地震や地殻変動によって、砂が運
ばれてきます。砂などの重たい粒
子は、粘土などの細かい粒子より
も先に沈むので、砂層の上に粘土
層が堆積します。これがタービダ
イトです。このような現象が何百
回と繰り返され、砂岩泥岩互層が
できます。また、泥岩が頁岩にな
ると、砂岩頁岩互層と呼ばれます。

[**採石された地域**]

和歌山県有田郡
有田川町二川

128

見分けるポイント **②**

ZOOM

互層は下部ほど粗粒、上部ほど細粒になる。なめらかな泥岩（左）と小さな粒のある砂岩（右）がはっきりわかれている

COLUMN

熊本県御輿来海岸の砂岩泥岩互層

熊本県宇土市下網田町

数 cm 〜十数 cm の厚さで砂岩と泥岩が交互に堆積したきれいな互層を観察できる。これは乱泥流堆積物（タービダイト）といわれ、未固結の砂泥層が海底地や斜面を滑り降りながら、粒の大きい砂が先に堆積した結果、その上に泥が堆積してできたものである。

石灰岩

せっかいがん

堆積岩			
火山砕屑岩	砕屑岩	生物岩	化学的堆積岩

見分けるポイント ①

ハンマーで削ると石灰岩は
簡単に傷がつく

成因は生物起源と
化学的沈殿

石灰岩は、炭酸カルシウムを
50%以上含む堆積岩です。石灰
岩のでき方には、炭酸カルシウム
を主成分とする、サンゴ、海棲動
物の骨、貝殻などが堆積したもの
生物起源と、石灰分を多く含む温
泉水やカルスト泉から炭酸カルシ
ウムが沈殿した化学的沈殿の2
種類があります。石灰岩を構成す
る方解石のカルシウムがマグネシ
ウムに置き換わると、苦灰石とな
り、岩石はドロストーン（苦灰岩）
と呼ばれます。

[採石された地域]

東京都青梅市

見分けるポイント②

ZOOM

石灰岩はもろく、
軟らかい

COLUMN

沖縄県八重瀬岳の石灰岩

沖縄県八重瀬町

沖縄県南に位置する八重瀬町は、全体的に起伏に富んだ地形で、町名の由来にもなっている八重瀬岳一帯は、琉球石灰岩が分布する台地となっている。おもに泥岩からなる島尻層の上に琉球石灰岩が確認できる。台地の大部分はさとうきび畑が広がり、集落が点在している。

黒色石灰岩
こくしょくせっかいがん

堆積岩			
火山砕屑岩	砕屑岩	生物岩	化学的堆積岩

見分けるポイント ①

化石を多く含むもの
が多い

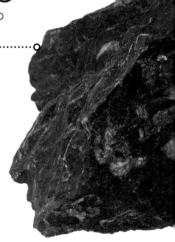

生物起源の石灰岩

黒色石灰岩は生物起源の石灰岩の
バリエーションの一つです。生物
起源の生成物である炭酸カルシウ
ムを主成分とする、サンゴ、海棲
動物の骨、貝殻などが、砂州やサ
ンゴ礁により外海から隔てられた
水深の浅い水域（ラグーン）のよう
な静かな環境の中、酸欠状態でヘ
ドロ化した有機物が豊富な状態で
固結したと考えられています。黒
色は主に岩石中に含まれる有機物
に起因するものでハンマーで砕く
と油の匂いがすることがあります。
岐阜県大垣市赤坂が有名です。

[採石された地域]

岐阜県大垣市

見分けるポイント ②

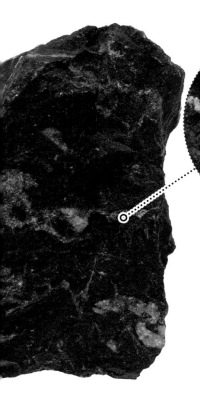

➕ **ZOOM**

黒くとも、ハンマーで
削ると簡単に傷がつき、
白い粉がふく

COLUMN

三重県紀北町で発見された黒色石灰岩

2020年1月、赤羽川の支流である大野
内川の工事現場の石灰岩からウミユリの
化石が発掘されたのをきっかけに、水晶
や盆石など町内で見つかったさまざまな
岩石に関する展示会が催された。その一
つ、黒色石灰岩はおよそ2億年前の地層
が隆起した町の歴史を物語っている。

三重県紀北町

\ フズリナは紡錘虫 /

フズリナ石灰岩
せっかいがん

見分けるポイント①

渦巻き模様のフズリナが
見つかる

別名「米粒石」

フズリナ石灰岩は、名前の通り、フズリナが堆積してできた石灰岩
です。フズリナとは、3.5億〜2.5億年前に存在した有孔虫という
単細胞生物の1種で、暖かくて浅い海の底に生息していました。大
きさは、数mm〜1cmほどで、殻は炭酸カルシウムからできてい
ます。体の一部を糸状に伸ばし、これを使って移動や固着をしてい
たようです。ラグビーボールのような形をしており、輪切りにすると、
渦巻き模様が現れます。

ウミユリ石灰岩
せっかいがん

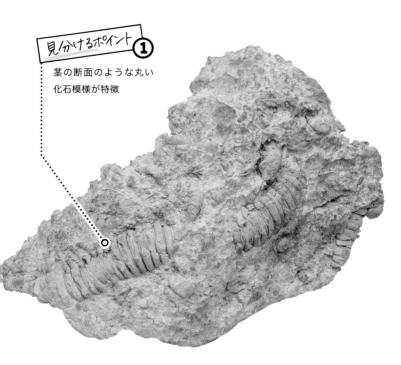

見つけるポイント①

茎の断面のような丸い
化石模様が特徴

ユリにそっくりな生物

ウミユリ石灰岩はウミユリが堆積した石灰岩です。見た目は、植物のユリに似ていますが、実際はウニやヒトデのなかまの生き物です。約5億500万年前のカンブリア紀中期以降に出現し、古生代には浅い海で大繁栄していました。現在では、水質の変化が少ない深海に生息し、生きている化石としても知られています。

サンゴ石灰岩

せっかいがん

堆積岩		
火山砕屑岩	砕屑岩	生物岩	化学的堆積岩

見つけるポイント①

水に濡れるとツルツル
滑りやすい

サンゴも
石灰岩になる

サンゴを多く含む石灰岩をサン
ゴ石灰岩といいます。写真で示
した標本は古生代ペルム紀と古
いものですが、南西諸島には新
生代第四紀の新しい時代のサン
ゴ化石を多く含む石灰岩が広く
分布しており、「琉球石灰岩」の名
前で呼ばれることもあります。

[採石された地域]

和歌山県日高郡
由良町白崎

見分けるポイント②

有機物が混ざっている
ので、黒っぽく見える

見分けるポイント③

ZOOM

サンゴの化石を含ん
でいる

神奈川県立生命の星・地球博物館
（KPM-NNC10688）

COLUMN

沖縄県読谷村のサンゴ石灰岩

沖縄県中頭郡読谷村

沖縄県の海岸沿いでよく見られ
る「きのこ岩」。これは「ノッチ」
と呼ばれ、サンゴ石灰岩が波に
よって削られ岩石の根本に切れ
込みが入ったもの。上部が平坦
になっているものは「テーブル
岩」と呼ぶこともある。

チャート

見分けるポイント ①

割った時にとがる、硬い。
割ったかけらは、不透明
なガラスのよう

火打ち石にも使われる

チャートは、放散虫や珪藻などの珪質プランクトンの殻や海綿
骨片が海底に堆積してできた堆積岩の一種です。遠洋の深海底
で、2万年で数 cm とゆっくりと堆積したものです。二酸化ケ
イ素（SiO_2）が 90% ということもあり、非常に硬く、釘などで
擦ってもほとんど傷がつきません。褐色、赤色、緑色、淡緑灰
色、淡青灰色、灰色、黒色など色はさまざまで、層状をなすこ
とが多いのも特徴です。

見かけるポイント②

ZOOM

色は全体的
に赤褐色

COLUMN

沖縄県伊平屋島のチャート

沖縄の島々のなかでも最北端に位置する
伊平屋島は、「てるしの(太陽神を表す古
語)の島」として知られ、古琉球を彷彿さ
せる「民族学の宝庫」と言われる。海岸か
ら50mほど離れた沖合にそびえるヤ
ヘー岩には、太古築城の跡がある。露頭
付近ではチャートが確認できる。

沖縄県島尻郡伊平屋村

群馬県神流町産

チャート

ZOOM
少し薄めの
赤褐色をし
ている

酸化鉄を含む赤いチャート

少量含まれる不純物の種類によって外見がかなり異なる岩石。群馬県産は、少し赤みを帯びています。これは、含まれている鉄分が酸化しているからです。赤いチャートに似ている岩石として赤色泥岩がありますが、赤色泥岩はチャートとは異なり、表面に放散虫化石（黒くて丸い模様）を確認できることはまれです。

［　採石された地域　］

群馬県多野郡
神流町

チャート
大阪府高槻市産

ZOOM

全体的に
黒っぽい

黒っぽいチャート

大阪府産は、黒っぽい灰色をしています。このように暗色のチャートは赤いチャートと色は違っても、石の質感は似ています。他にも、緑色、淡青灰色、灰色、黒色など、いろいろな色のチャートがあります。

[採石された地域]

大阪府高槻市

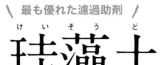

珪藻土
けいそうど

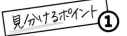

堆積岩			
火山砕屑岩	砕屑岩	生物岩	化学的堆積岩

見分けるポイント①

珪藻土は多孔質で、見えないくらいの
小さな穴が多くあいているためとても
軽い

見分けるポイント②

なめてみると、
舌に吸いつく

珪藻の化石からなる岩石

「珪藻」の死骸が、砂や泥などが流れ込まない環境で沈殿してできた岩石です。ほぼ二酸化ケイ素を主成分とする殻のみが化石となって堆積したのが珪藻土です。10億分の1cmほどの小さな穴が無数にあいており、断熱性、吸着性、吸水性にすぐれています。珪藻土は、七輪やビール製造過程でのフィルターなどいろいろな場面で活躍しています。

[採石された地域]

大分県玖珠郡九重町

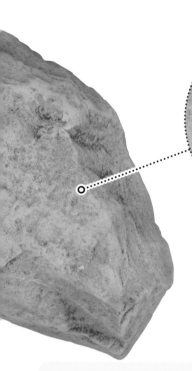

見分けるポイント ③

ZOOM

純粋なものは白色、
淡黄色も多い

神奈川県立生命の星・地球博物館
（KPM-NM42609）

COLUMN

島根県潮の浜の珪藻土

約1600〜1000万年前頃、隠岐の
海の底であった大地の成り立ちの歴
史を物語っている。珪藻土は海の中
に住んでいた珪藻の殻の化石が堆積
し岩となったもので、耐火性と断熱
性に優れ、壁材や漆喰などの建材や
七輪などに使われている。

島根県隠岐の島

石炭
せきたん

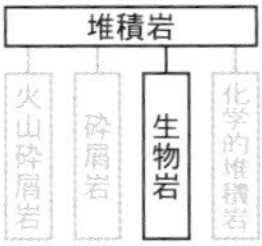

見かけるポイント ①

軽くて簡単に割れ、割れた先が鋭利でない

化石燃料として使われる岩石

石炭は、植物が堆積したものが、地熱や地圧によって変化したもので、ほとんどが炭素ですが、水素、硫黄、酸素、窒素も含まれています。普通の岩石と比べると、軟らかく、軽いのが特徴です。化石燃料として用いられ、かつては「黒いダイヤ」とも呼ばれていました。

[**採石された地域**]

長崎県西彼杵郡
高島町

見つけるポイント②

➕ ZOOM

黒っぽくて光沢がある。
光にかざしても透明感
がない

COLUMN

北海道夕張の石炭

北海道夕張市

北海道夕張市にある石炭の大露頭は、
この地方の石炭の産状を示したものと
して、道指定天然記念物になっており、
北海道開発に多大な貢献をした石炭産
業の記念物として高く評価される。炭
層は古第三紀石狩層群夕張層中に重な
るもので、3層の石炭が露出している。

石炭
せきたん

植物が変化

地中に埋まった植物は、温度や圧力の条件など
によって、炭素の含有量が変化します。この現
象を「石炭化」といい、泥炭、褐炭、歴青炭、無
煙炭、石墨（グラファイト）と変化していきます。

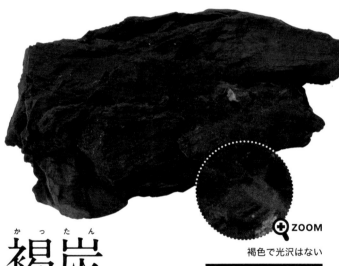

🔍 ZOOM

褐色で光沢はない

[採石された地域]

愛知県春日井市
高蔵寺町

褐炭
かったん

褐色で水分量が多い

褐炭は、名前の通り褐色をしていること
が多く、水分量が50％です。褐炭は泥
炭が圧縮されて生成したもので、最も石
炭化度の低いもので、砕けやすく、植物
の痕跡が含まれています。

長崎県西彼杵郡
高島町

ZOOM

光沢があって黒い

ZOOM

土のように見えるくらいもろい

泥炭
でいたん

世界中に大量に埋蔵

泥炭は石炭の生成過程にあるもので、根や
果皮を肉眼で見ることができます。水分を
90% 程度含んでいて品質が悪いため、通
常、利用されません。非常にもろく、土の
ようにも見えます。

東京都文京区

トラバーチン

天井の虫食いの跡のような
独特な縞模様もトラバーチ
ン模様という

ローマ近郊の地方の
ラテン語名に由来

トラバーチンは、温泉や鉱泉、
あるいは地下水が石灰石成分を
溶かしたものが堆積した岩石で
す。構成のほとんどが炭酸カル
シウムで、通常は縞模様がある
白っぽい見た目をしています。
穴が多い多孔質のタイプと方解
石の結晶が詰まっている緻密な
タイプがあります。緻密なもの
は、研磨すると美しい光沢が現
れます。

[採石された地域]

長野県松本市
白骨温泉

見分けるポイント ②

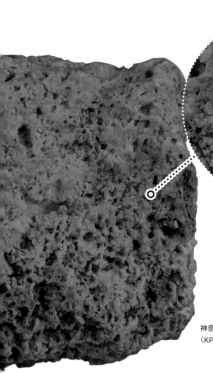

➕ ZOOM

水生植物でできる特徴的な
多孔質が特徴

神奈川県立生命の星・地球博物館
（KPM-NM31285）

COLUMN

北海道二股温泉の石灰華のトラバーチン

北海道長万部町

温泉中に多く含まれる炭酸石灰成分が、
湧出時の急激な温度や圧力の低下、水分
の蒸発により沈殿し（石灰華）、堆積した
り鍾乳洞のように垂れ下がったりして奇
形を見せる。その大きさは、長さ約
400m、幅約200mの圧巻の世界的規模
だ。道指定天然記念物とされる。

オニックスマーブル

堆積岩			
火山砕屑岩	砕屑岩	生物岩	化学的堆積岩

見分けるポイント ①

模様がはっきりしている

装飾石材の 名称として使われる

オニックスマーブルはトラバーチンの一種で、温泉水に含まれた炭酸カルシウムが縞模様を作りながら沈殿してできた岩石です。温泉大国の日本ですが、富山県黒部市宇奈月だけで採掘され、富山県の岩石になっています。

[採石された地域]

富山県黒部市
宇奈月町下立

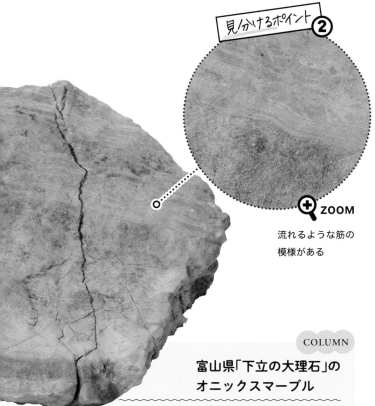

見分けるポイント ②

ZOOM

流れるような筋の
模様がある

富山県「下立の大理石」の オニックスマーブル

黒部市宇奈月町下立（おりたて）に「大理石のテーブルとイス」がある。黄灰色から黄褐色の細かいしま模様が特徴の下立のトラバーチンだ。明治末期から昭和初期に「オニックスマーブル」の名で採掘された。このトラバーチンが、国会議事堂の建築時に 442t も切り出され、両院玄関の広間や第一議員階段、中央広間の板垣退助などの銅像の土台に使用されている。

富山県黒部市宇奈月町

古の記憶、チバニアン

日本が世界に誇る地層

　地層の中には、大地の歴史が隠されている。日本で数多く見られる地層のなかでも、「千葉セクション」は国際的にも大きな注目が向けられ、日本が世界に誇る地層の一つになった。

　千葉セクションは千葉県市原市の養老川沿いに見られる約77万年前の地層で、この地層中に一番新しい地磁気逆転の記録が残されていることがわかった。これは、地球の歴史を知る上で重要な手がかりとなるもので、これまでも世界中のさまざまな場所からこの時代の地磁気逆転の記録が発見されてきたが、千葉セクションはその精度の高さと保存状態の良さで特に注目され、世界的に認められたのだ。これにより、令和2年1月、千葉セクションを模式地として名前がなかった約77万〜12万年前までの時代に「チバニアン」という名前がついた。日本の地層を模式地とする地質時代名は初めてだ。チバニアンは、地質学的な研究だけでなく、気候変動や生物の進化の研究にも貢献している。

4章

変成岩

変成岩は、火成岩や堆積岩が温度や圧力によって、性質を変えてできた岩石。変成作用の違いによって、接触変成岩、広域変成岩、断層岩に分類されます。

変成岩を見分けよう

結晶の大きさで見分ける

マグマの熱によって
変成した

接触変成岩
せっしょくへんせいがん

接触変成岩は、高温のマグマが地表近くに上がってくることによって、浅いところにある地層や岩石が変成したもので、熱変成岩とも呼ばれます。圧力の影響は少なく、高温による再結晶によって生じます。代表的なものにホルンフェルス、結晶質石灰岩などがあります。

結晶質石灰岩

▶ P162-163

地下におし込められて
変成する

広域変成岩
こういきへんせいがん

地球表面のプレートの働きによって地表の岩石が地下深部にもち込まれ、変成したものが広域変成岩です。巨大なプレート同士の衝突によって大規

火成岩などの岩石が地中の熱や圧力を受け、鉱物の組み合わせや粒の並び方などの性質を変化させてできたのが変成岩です。この変化は「変成作用」と呼ばれます。変成作用の違いによって、変成岩は3つに分類されます。

カタクレーサイト
▶P194-195

結晶片岩
▶P168-169

断層の違いによって変成する

断層岩
たんそうがん

地表付近では砕けやすい一方、地下深部の圧力下ではひずみを生じながら再結晶するなど、岩石は存在する深度によって異なる変形をみせます。このような断層の変形によってできた岩石の総称が断層岩です。代表的なものにカタクレーサイトやマイロナイトなどがあります。

模な変成作用が生じるため、強い圧力が加わります。接触変成岩よりも広域に分布します。結晶片岩、片麻岩が代表的です。

ホルンフェルス

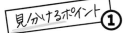

見分けるポイント①

黒っぽい、もとの泥岩
に似ているが硬い

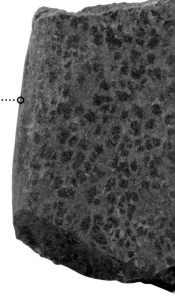

角（ホルン）のように
硬い岩石（フェルス）

泥岩や砂岩などの堆積岩がマグマの
熱によって変成した硬い岩石です。
熱によってマグマに接する岩石が再
結晶してできます。部分的に再結晶
した大きな鉱物の斑点が見られるこ
とが多いのも特徴です。泥質ホルン
フェルスは黒っぽく、菫青石や紅柱
石の結晶が斑点状に見られます。一
方、砂質ホルンフェルスは黒雲母が
多く生成され、キラキラ光って見え
たり、全体が紫がかって見えること
があります。

[採石された地域]

鹿児島県屋久島

見分けるポイント②

⊕ ZOOM

再結晶化し、斑点がある

COLUMN

高知県室戸のホルンフェルス

室戸周辺の地層でホルンフェルスが観察できる。とりわけ室戸岬にある「エボシ岩」付近で見られる、斑レイ岩となったマグマと白く焼けたホルンフェルスは特徴的。1400万年前の火山活動で砂や泥の層にマグマが流れ込み、マグマの熱によって砂や泥の性質が変わりホルンフェルスとなった。

高知県室戸市

波付岩
（なみつきいわ）

変成岩
接触変成岩 | 広域変成岩 | 断層岩

🔍**ZOOM**

小さい粒が
たくさんあ
る

筑波変成岩が露出

波付岩は、茨城県石岡市にある竜神
山の南の峰つづきにある標高約
66.6m の岩山です。また、波付岩は
「波止石」とも言われ、かつては岩の
あたりまでが海で、波が岩についた
とされることからこの名が付きまし
た。この地域では、砂岩や泥岩が変
成した砂質ホルンフェルスや泥質ホ
ルンフェルスなどの筑波変成岩が広
く露出しています。

[**採石された地域**]

茨城県石岡市
下林竜神山

桜石
さくらいし

変成岩
接触変成岩 | 広域変成岩 | 断層岩

ZOOM

桜の花びらの
ような模様が
見える

京都府レッドデータ
撮影：山本睦徳

まるで桜の花びら

桜石は、菫青石が風化した白雲母と緑泥石の混合物で、ホルンフェルスに含まれる鉱物です。桜石は京都を代表する鉱物で、正式な名称ではなく、桜の花に似ていることにちなんだ俗名です。京都府亀岡市にある桜天満宮の桜石は、1922年に国の天然記念物に指定されました。福井県若狭町や群馬県みどり市東町沢入の渡良瀬川支流などでも見ることができます。

[**採石された地域**]

京都府亀岡市

\ 6花弁状の模様が見られることも /

董青石ホルンフェルス
きんせいせき

見分けるポイント①

多色性があり、透明なものは角度によって董色から淡い枯れ草色

見る角度によって色が変わる

董青石ホルンフェルスは、泥岩ホルンフェルスのうち、斑点状に董青石を含んだものです。董青石は石英と同じようにガラス光沢があり硬い鉱物ですが、緑泥石や白雲母に変質して軟化し、白っぽく不透明になっていることが多いです。不明瞭ながら6花弁状の模様が見られることがあり、きれいなものは「桜石」と呼ばれます。

\ 白っぽい柱状の紅柱石を含む /

紅柱石ホルンフェルス
こうちゅうせき

変成岩		
接触変成岩	広域変成岩	断層岩

見分けるポイント①

変質していないものは石英並みの硬度、赤みを帯びている

見分けるポイント②

結晶の表層部だけ白雲母に変質して軟化していることが多い

泥岩が変質してできた

紅柱石ホルンフェルスは、董青石ホルンフェルス同様、泥岩ホルンフェルスの一種です。泥岩はアルミニウムを豊富に含むため、変成する際に紅柱石ができやすいという特徴があります。紅柱石自体は、本来硬い鉱物ですが、風化や変質などの影響で、軟らかい白雲母に変質することがあります。また、結晶の断面に十字の模様が現れるのも特徴です。

結晶質石灰岩

けっしょうしつせっかいがん

変成岩		
接触変成岩	広域変成岩	断層岩

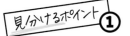

見分けるポイント ①

白くてざらざらしていて、小さな結晶がキラキラ光る石

大理石の多くを占める

石灰岩が接触変成作用によって変化してできた岩石です。石灰岩は、細粒の方解石からできていますが、再結晶化すると肉眼で判別できるほど大粒の方解石が組み合わさり、不純物が取り除かれるため、純白色に近くなるのも特徴です。河原で小さい石として見つかることもあり、割れ口は、方解石の結晶がキラキラと反射します。大理石としても使用されています。

[採石された地域]

神奈川県足柄上郡

見分けるポイント②

⊕ ZOOM

軟らかく、ハンマーでこ
すると簡単に傷がつく

COLUMN

神奈川県白石沢の
結晶質石灰岩

足柄上郡の白石沢で見られる結晶質石
灰岩は、白や赤、青などさまざまな色
のものがあるのが特徴。かつては石材
として使われた。ベスブ石を含む白石
沢の結晶質石灰岩は、神奈川県の天然
記念物に指定されている。

神奈川県足柄上郡
北町中川

粘板岩
ねんばんがん

変成岩

| 接触変成岩 | 広域変成岩 | 断層岩 |

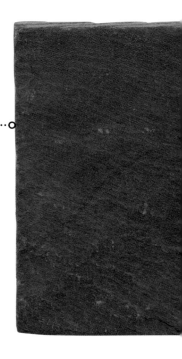

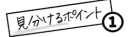

見分けるポイント ①

暗灰色から黒色のため、
傷が目立ちやすい

硯や砥石などの
材料になる

粘板岩は泥岩や頁岩が弱い変成
作用を受けた泥質の岩石です。
へき開がよく発達し、それに沿っ
て薄く板状に割れやすい性質を
もっています。厳密には変成岩
ですが、再結晶の程度がきわめ
て弱いため、堆積岩として取り
扱うこともあります。日本では、
古くから良質な粘板岩をスレー
ト瓦や塀などの建築材料、硯や
砥石などの材料に使っています。

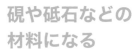

[採石された地域]

宮城県石巻市

見分けるポイント②

＋ZOOM

割れた表面に凹凸が少ない。
わずかに波打っているよう
に見える

COLUMN

東京都高尾山の粘板岩

高尾山を形成する八王子市内で一
番古い「小仏層」と呼ばれる地層は、
約1億年前に海の堆積物がもとに
なってできたと考えられています。
6号線沿いでは断層をいたるとこ
ろで見ることができ、「岩屋大師」の
2つの洞窟は、右側が粘板岩、左
側が砂岩で出来ている。谷に沿っ
て露頭が並び、巨大な粘板岩の巨
岩に圧倒される。

東京都八王子市

千枚岩
せんまいがん

変成岩 — 接触変成岩 / 広域変成岩 / 断層岩

見分けるポイント①

薄い葉片状ではがれやすい

日本各地の中・古生層の一部

千枚岩は、粘板岩よりさらに変成作用が進んだ岩石で、粘板岩と結晶片岩との中間の性質をもつ変成岩です。雲母の結晶が並び、粘板岩よりも薄く剥がれやすくなっていますが、結晶片岩よりは細粒で、構成鉱物は肉眼やルーペでは見られません。泥岩を源岩とすると黒色、凝灰岩などの砕屑岩を源岩とすると緑色をしています。

[採石された地域]

和歌山県和歌山市

見分けるポイント②

ZOOM

灰緑または灰褐色の
絹糸光沢をもつ

COLUMN

神奈川県和田集落の千枚岩

神奈川県で最も古い地層である小仏層
群は、およそ1億年前に形成された地
層。神奈川県最北部の東京都との県境
に近い、相模原市緑区付近の地表に露
出している。そのうち、和田集落の小
仏層群には千枚岩が露出している。千
枚岩の名の通り、地層が幾重にも重なっ
たような構造を観察できる。

神奈川県相模原市

結晶片岩
けっしょうへんがん

	変成岩	
接触変成岩	広域変成岩	断層岩

見分けるポイント①

片理という縞模様の
縞目に沿ってはげる
ように割れる

平行にずらせる力、剪断応力を受けて再結晶した岩石

結晶片岩は、圧力による広域変成作用を受け、薄く割れやすくなったり、複数の鉱物が薄く交互に重なる構造が発達したりしているのが特徴です。結晶片岩の源岩はさまざまで、源岩の成分と変成作用の条件により種々の変成鉱物が形成されます。これらの岩石の名称は、片岩の前に、特徴的な変成鉱物の名を冠して呼ばれます。また、岩石の色合いで呼ばれることもあります。

[採石された地域]

和歌山県紀の川市
麻生津中飯盛山

見分けるポイント②

ZOOM

片理面に細かい
シワシワがある

COLUMN

埼玉県秩父の結晶片岩

長瀞一帯には、秩父帯や四万十帯の岩石の一部が、約8500万年〜約6600万年前（中生代白亜紀）にプレートとともに地下約30kmの深さに引きずり込まれてできた結晶片岩が分布している。結晶片岩は薄くパイ生地のように剥がれやすい岩石。「岩畳」は結晶片岩が荒川の流れによって侵食された河成段丘。激しい川の流れで川原の礫（れき）に覆われてなく、岩盤がむき出しになっている。断層の動きで岩石が砕かれたところを荒川が侵食してできた対岸の岩壁は「秩父赤壁」と呼ばれている。観光地としても名高い長瀞は、旧親鼻（おやはな）橋から旧高砂橋までの荒川の両岸が国指定の名勝・天然記念物になっている。

埼玉県秩父郡長瀞町

変成岩
接触変成岩 | 広域変成岩 | 断層岩

代表的な結晶片岩

白雲母片岩
しろうんもへんがん

見分けるポイント①

白雲母と石英が多い
ので、白っぽい

砂岩、泥岩の変成岩、片理がよく発達

白雲母と石英を多く含み、白っぽく、光に反射させると、白雲母が
きらきらと白く輝いて見えます。岩質は柔らかくハンマーで簡単に
傷がつきます。他に少量の暗緑色の緑泥石や角閃石類などをまばら
に含むことがあります。砂岩や泥岩などが約 300 〜 500℃、約
3000 〜 8000 気圧、地下約 10 〜 25km で変成してできます。

変成岩
接触変成岩 | 広域変成岩 | 断層岩

チャートが源岩

石英片岩
せきえいへんがん

見かけるポイント①

白雲母片岩よりも硬く、全体的に白、
もしくは青みを帯びている

一般に片理の発達は弱く、とても硬い

石英片岩は石英を主な造岩鉱物とする結晶片岩です。おもにチャートが源岩ですが、石英質砂岩が源岩である場合もあります。チャートを源岩とする場合は赤鉄鉱、磁鉄鉱、紅簾石などを含み、砂岩を源岩とする場合は絹雲母、緑泥石、曹長石などを含むことが多く、見た目は灰白色、灰色、灰緑色、黄灰色、赤紫色、赤褐色などの色をしています。透き通った感じがする場合もあります。

\ 鮮やかなピンクが特徴 /

紅簾石片岩
こうれんせきへんがん

見分けるポイント①

紅簾石という小さく赤い鉱物を含むため、全体的に
ピンク色をしている。紅簾石の量によって赤っぽさ
は変化する

熱と圧力を受けて再結晶

紅簾石、絹雲母、石英などを含む結晶片岩です。多く含まれる「紅簾
石」は、マンガンを含む赤い鉱物であるため、全体的に鮮やかなピン
ク色をしています。チャートが熱と圧力を受けて再結晶したため、
片理が顕著で、板状に割れやすくなっています。

\ 玄武岩が源岩 /

緑色片岩

りょくしょくへんがん

変成岩
接触変成岩｜広域変成岩｜断層岩

見分けるポイント ①

片理による縞模様が見え、全体的に緑色をしている。
濃い緑～淡い緑まで、含む鉱物の種類や量によって
緑色の度合いは異なる

緑色の鉱物を多く含んだ岩石

主に玄武岩や玄武岩質火砕岩を源岩とする結晶片岩です。緑色の鉱
物を多く含み、緑泥石を多く含めば緑泥石片岩、緑簾石を多く含め
ば緑簾石片岩と言われます。緑泥石は光沢のない濃い緑色をしてお
り、緑簾石は淡い緑色をしています。また、灰緑色のアクチノ閃石
を含むこともあります。

\ 鮮やかな青色 /

青色片岩
せいしょくへんがん

変成岩
接触変成岩　広域変成岩　断層岩

見分けるポイント①

全体的に青〜藍色をし
ている。水に濡れると
鮮やかに発色する

藍閃石による青色が特徴的な岩石

高圧で低温な条件のもと変成される青色の岩石です。鮮やかな青色はナトリウムを多く含む藍閃石によるものです。藍閃石以外には、同じく青色のリーベック閃石や、緑色の緑廉石、透明な石英などが含まれ、白雲母やローソン岩、ザクロ石、ヒスイ輝石、ソーダ雲母、霰石をなどを含むこともあります。元の岩石は、緑色片岩と同じく玄武岩質の岩石ですが、海洋プレートの沈みによって緑色片岩よりも深い部分まで押し込まれてできます。

\ 炭質物や石墨を多く含む /

こくしょくへんがん

黒色片岩

変成岩
接触変成岩 | 広域変成岩 | 断層岩

見分けるポイント①

炭質物や石墨を多く含むため、黒っぽくやや光沢がある

見分けるポイント②

石墨の黒い層と斜長石や石英などの白い層の縞模様が特徴的

神奈川県立生命の星・地球博物館（KPM-NL311）

黒色の表面に表れる縞模様が特徴的

泥質岩を源岩として、炭質物や石墨を多く含むことから黒色をしています。変成作用が進むと炭質物は石墨に変化し、石墨片岩と呼ばれることもあります。石墨の黒い層と斜長石や石英などの白い層が縞模様に見え、中にはぐにゃっと層が曲がっているものもあり、表面の縞模様は様々です。片理が発達しているので、薄く剥がれるように割れます。

片麻岩
へん ま がん

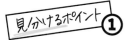

変成岩
接触変成岩 / 広域変成岩 / 断層岩

見分けるポイント①

濃色の鉱物層と薄色の鉱物層が
かさなっている

変成作用の条件で
分類

変成岩の中でも特に強い広域変
成作用を受け、石英や長石が多
く白っぽい部分と、黒雲母を多
く含んだ黒っぽく見える部分が
層状に重なった、片麻状組織を
持つ岩石の総称です。変成時に
比較的高温で変成が進むと片麻
岩、比較的低温だと結晶片岩に
なります。石英や長石などが主
な造岩鉱物ですが、黒雲母や白
雲母、角閃石、柘榴石などを含
むこともあります。

[採石された地域]

愛知県新城市

見分けるポイント②

➕ ZOOM

縞状だが片理、
へき開は弱い中・
粗状

島根県銚子ダムの片麻岩

島根県銚子ダムで見られる隠岐片麻岩は、
隠岐で一番古い岩石。片麻岩は本来地下
深くで生成されるため、地表で確認する
ことはできないが、隠岐ではプレート活
動によって隆起したため、地下岩石を間
近で見ることができる。日本が大陸の一
部だったことを証明する岩石でもある。

島根県隠岐の島町

正片麻岩
せ　い　へ　ん　ま　が　ん

変成岩		
接触変成岩	広域変成岩	断層石

日本最古の岩石

正片麻岩は花崗岩などの火成岩を源岩とする片麻岩で、流れ模様が特徴です。見た目も構成も花崗岩と似ており、石英・長石類・黒雲母・角閃石類からなりますが、変成作用によって柘榴石が形成されていることもあります。ちなみに島根県津和野町で確認できる正片麻岩は、約25億年前にできたとされる日本最古の岩石です。

ZOOM

ぐにゃっと曲がった
ような模様がある

神奈川県立生命の星・地球博物館
（KPM-NL30086）

ミグマタイト

変成岩		
接触変成岩	広域変成岩	断層石

変成岩と火成岩の中間

ミグマタイトは片麻岩と花崗岩の中間に位置付けられる岩石です。非常に高い温度で変成されたため、岩石は部分的に溶け、溶けた部分と（花崗岩）と溶け残った部分（片麻岩）が混ざり合っています。花崗岩部分には石英、カリ長石、斜長石、片麻岩部分には黒雲母や柘榴石が多く見られます。

[　採石された地域　]

北海道幌泉郡
えりも町

長野県下伊那郡

ZOOM
流水のような流れ模様がある

ZOOM
赤い柘榴石が見られる

角閃岩
かくせんがん

変成岩		
接触変成岩	広域変成岩	断層岩

暗緑色で緻密

玄武岩や斑レイ岩が高温、高圧による強い変成作用を受けてできた岩石です。再結晶化が進んでいるため、薄く剥がれる性質はあまり見られず、粗粒の硬い岩石になっています。暗緑色の角閃石と白っぽい斜長石を主成分としており、赤っぽい柘榴石を含むと「柘榴石角閃岩」と呼ばれます。

愛媛県四国中央市

黒雲母片麻岩

くろうんもへんまがん

	変成岩	
接触変成岩	広域変成岩	断層岩

見分けるポイント ①

濃色の鉱物層と薄色の
鉱物層が重なっている

変成作用の
条件で分類

片麻岩の中でも、黒雲母を多く含んだ岩石です。黒雲母を多く含んでいるため、見た目は黒っぽく、片理面上で樹脂のような光沢が見られます。他の片麻岩と同じく比較的高温で変成が進んで生成されます。また、比較的軟らかいことが特徴です。

[採石された地域]

福島県東白川郡

見分けるポイント ②

➕ ZOOM

黒雲母が多いので黒っぽい

神奈川県立生命の星・地球博物館
（KPM-NL338）

COLUMN

島根県隠岐島後の黒雲母片麻岩

島根県の隠岐では、銚子ダム以外でも片麻岩を見ることができる。黒雲母片麻岩の他に、泥質片麻岩なども見ることができる。黒雲母片麻岩は隠岐変成岩に多く見られる種類の岩石。隠岐島後は、飛騨帯の延長と考えられているが、飛騨本体と400kmもの海で隔てられている。

島根県隠岐島後

蛇紋岩
じゃもんがん

見分けるポイント ①

黒い部分は磁石が吸い
つけられる

脆弱な地盤を形成

蛇紋岩は、カンラン石や輝石が水と反応し、蛇紋石や緑泥石に変質し、できた岩石です。金属元素を含む鉱物を多く含むため、磁石に近づけるとくっつくのが特徴です。また、暗緑色をしていることが多いですが、薄緑や黒、青みがかったものもあります。乾いていても表面が濡れたようにヌメヌメしており、とてももろく、滑りやすいのも特徴です。地下深くでできた蛇紋岩はヒスイ輝石岩などを取り込みながら地表へ上昇することがあるため、同じ場所から見つかることもあります。

[採石された地域]

兵庫県養父市大屋町

見分けるポイント **2**

ZOOM

深い緑と白っぽい
蛇のような紋様

岡山県大佐山の蛇紋岩

岡山県新見市にある「大佐山蛇紋岩メランジュ」は蛇紋岩の露頭として名高い。メランジュとは、フランス語で「混合」を意味しており、地質学では岩石や整然と堆積した地層が変形によりさまざまな岩石が混合した状態にあることを指す。大佐山蛇紋岩メランジュでは、蛇紋岩の中に結晶片岩やヒスイ輝石岩などが確認できる。

岡山県新見市

蛇紋岩
徳島県那賀町産

変成岩		
接触変成岩	広域変成岩	断層岩

ZOOM
大きめの模様
と光沢がある

光沢があり、
大きい蛇紋岩が多い

那賀町にある那賀川流域の地質は、北部の秩父帯と南部の四万十帯北帯に二分されています。このうち秩父帯の中に、断層で挟み込まれるように分布しています。特に、那賀町の蛇紋岩は、光沢があり規模が大きいものが多いのが特徴です。

[採石された地域]

徳島県那賀町

蛇紋岩
じゃもんがん
埼玉県皆野町産

変成岩

| | 広域変成岩 | |
| 接触変成岩 | | 断層岩 |

ZOOM

全体的に灰色。蛇の
ような模様がある

国会議事堂の床に使用

秩父地域は三波川帯にあり、小規模な
蛇紋岩体が分布しています。特に皆野
町金崎では多くの蛇紋岩が見られま
す。皆野町金崎の蛇紋岩は、全体的に
灰色を帯びており、蛇のような模様が
くっきりと見られることが特徴。品質
の高さから、国会議事堂の中央玄関の
床に使われています。

[採石された地域]

埼玉県秩父郡皆野町

185

ロジン岩

変成岩

接触変成岩 | 広域変成岩 | 断層岩

見分けるポイント ①

白と緑の層に分かれている

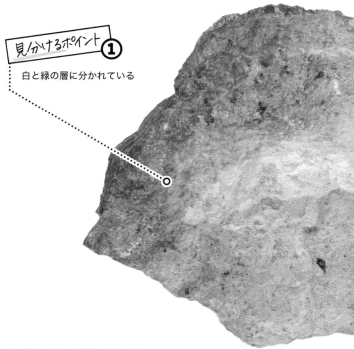

ヒスイに似ている

カンラン岩に水が加わって蛇紋岩になるとき、斑レイ岩や玄武岩と反応することでできる岩石です。カンラン岩由来のため、蛇紋岩と産出されることが多いですが、蛇紋岩と比べると白っぽく硬いのが特徴です。

[採石された地域]

北海道日高郡新ひだか町

見かけるポイント ②

ZOOM

割れた断面は白く粉が
吹いたように見える

北海道札幌のロジン岩

北海道札幌周辺の蛇紋岩地帯の沢に灰乳白
色の岩石、ロジン岩が転がっているのが観
察できる。ロジン岩は蛇紋岩の中に塊で入っ
ているが、この地帯の沢で見られるロジン
岩は、地殻変動により蛇紋岩体が風化など
で崩れてしまっているため、ロジン岩だけ
が残った状態になっていることが多い。

北海道札幌市

ヒスイ輝石岩
きせきがん

変成岩		
接触変成岩	広域変成岩	断層岩

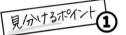

見分けるポイント①

とても硬いので角がとれ
にくく丸くならない

世界最古の産地・日本？

ヒスイ輝石を主な造岩鉱物とする岩
石です。純粋なものは白色ですが、
緑色の「オンファス輝石」を伴うこと
が多いため、緑っぽくなります。蛇
紋岩中に存在することが多く、蛇紋
岩の隙間にナトリウムに富んだ熱水
が入り込み、新しい結晶帯が生じる
過程で、形成されるためだと考えら
れています。日本では、新潟県糸魚
川市の青海川上流や小滝川、兵庫県
養父市などが知られています。兵庫
県養父市の加保坂ヒスイ輝石岩の露
頭が日本で初めて発見され、県の天
然記念物として保護されています。

[**採石された地域**]

兵庫県養父市

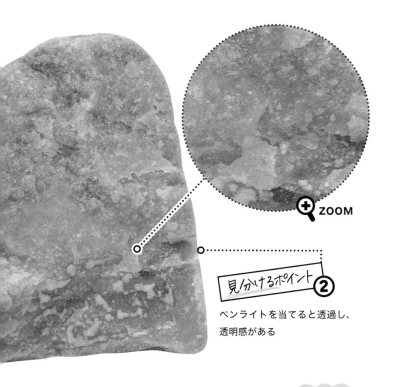

+ ZOOM

見分けるポイント ②

ペンライトを当てると透過し、透明感がある

富山県ヒスイ海岸のヒスイ輝石岩

富山県下新川郡朝日町

ヒスイ海岸は、富山県朝日町の最東に位置する。幅100m、東西4kmに渡って広がる砂利浜の海岸だ。「日本の渚百選」「海水浴場百選」にも選ばれるほど、美しいエメラルドグリーンの自然海岸。海からヒスイが打ち上がり、世界的にも珍しく、安全にヒスイ輝石を拾える。

エクロジャイト

変成岩

| 接触変成岩 | 広域変成岩 | 断層岩 |

見分けるポイント ①

塊状や粗い縞状がある
ものもある

日本ではわずかしか産出しない

非常に高温で高圧の変成作用（600 〜 800℃、1万〜数万気圧）でできた広域変成岩です。赤っぽい柘「榴」石と緑色のオンファス「輝」石が主な造岩鉱物なので、「榴輝岩」と呼ばれることもあります。日本だけでなく、世界的にも珍しい岩石で、ダイヤモンドやコーサイトなどの超高圧鉱物を含むこともあります。緑簾石や石英などを含むと、塊状や粗い縞状が見られることもあります。

[採石された地域]

愛媛県

見分けるポイント ②

➕ZOOM

赤色の柘榴石と緑色の
オンファス輝石が特徴

COLUMN

愛媛県東赤石山の
エクロジャイト

愛媛県四国中央市関川は、全国でも珍しい岩石や鉱物が採集できるフィールドとして知られている。関川上流域の赤石山系には、東赤石カンラン岩体や五良津緑簾石角閃岩体などに付随して、三波川帯の中でも最高変成度の変成作用により形成されたエクロジャイトやザクロ石角閃岩など国内でも珍しい岩石が産出する。エクロジャイトの産地は少なく、別子地域はエクロジャイトの産地として世界的にも有名だ。

愛媛県四国中央市

グラニュライト

変成岩		
接触変成岩	広域変成岩	断層岩

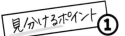

見分けるポイント①

石英や長石が青色、青緑色、褐色などに着色している

高温で水に乏しい層で生成

グラニュライトは、石英やカリ長石、斜長石などを含む変成岩です。含まれる鉱物によって粗い縞模様が見られます。高温高圧の環境下で生成されます。そのため、低温部では含水鉱物である角閃石が含まれますが、典型的なグラニュライトは水分が含まれる鉱物を含まないのが特徴です。柘榴石が含まれることもあり、この柘榴石が赤いものは宝石として扱われます。

[**採石された地域**]

北海道沙流郡平取町

見分けるポイント ②

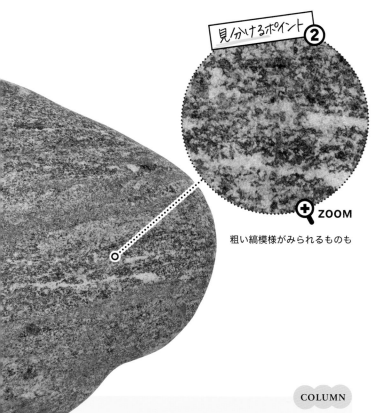

➕ ZOOM

粗い縞模様がみられるものも

熊本県坪木の鼻海岸の グラニュライト

九州の変成岩分布地域の中で、黒瀬川構造帯と肥後変成帯には各種変成岩類がみられる。黒瀬川構造帯の一つ、熊本県南西部に位置する坪木の鼻海岸の高温変成岩露頭では、蛇紋岩の中にグラニュライトが塊で産出される。

熊本県葦北郡芦北町

カタクレーサイト

変成岩		
接触変成岩	広域変成岩	断層岩

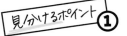

見分けるポイント①

細かいヒビがたくさん
入っている

断層岩の一種

カタクレーサイトは、断層が
ずれ動くときに、砕かれた岩
石がそのままの状態で固まっ
た岩石です。細かい粒子でで
きた基質の中に、基質と同じ
組成の角ばった岩片が散ら
ばっているように見えます。
圧力の影響で砕かれ、そして
圧力の影響で固まった基質と
岩片が固結しています。日本
では、関東から九州東部まで
を縦断する「中央構造線」とい
う長大な断層に沿った地域で
見ることができます。マイロ
ナイトよりも地下の浅い場所
(低温条件)で変形されます。

[採石された地域]

奈良県吉野郡大淀町

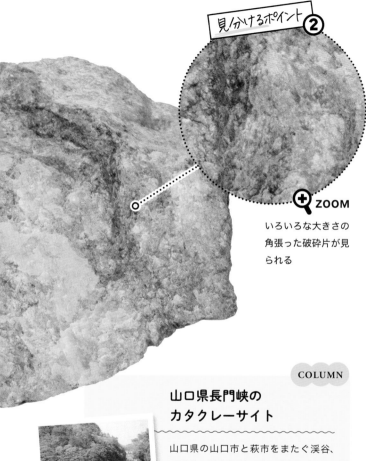

見つけるポイント②

ZOOM

いろいろな大きさの
角張った破砕片が見
られる

山口県長門峡の
カタクレーサイト

山口県の山口市と萩市をまたぐ渓谷、
長門峡。観光スポットとしても知られ
るほか、長門峡で見られる河床露頭で
は、断層ガウジやカタクレーサイトな
どの断層岩が直接観察できる。また、
阿東町篠目付近では断層や活断層に伴
う変位地形を観察できる。

山口県長門峡

マイロナイト

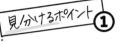

見かけるポイント①

ところどころ大きな鉱物が確認できる。壊れるかわりに延ばされたような見かけ

細粒の再結晶が特徴

マイロナイトは、温度が地表より高い、断層深部で形成される断層岩です。壊れるかわりに延ばされたような見かけの岩石です。細粒が多数集合してできた岩石で、縞模様が発達しているのが特徴です。鉱物によって、再結晶化する温度が異なるため、源岩に含まれる鉱物粒子が壊れずに斑点上に残っている場合もあります。

[　採石された地域　]

大阪府岸和田市

見つけるポイント②

ZOOM

細粒が集合してできた
岩石で縞模様がある

COLUMN

長野県大鹿村のマイロナイト

長野県下伊那郡大鹿村

大鹿村は長野県南部に位置し、日本列島を縦断する大断層「中央構造線」が村の中心を貫く。1961年に発生した集中豪雨により、大鹿村大西山で大規模な崩落が起こった。崩壊地の下側に花崗岩源マイロナイト（鹿塩マイロナイト）、その上に変成岩源マイロナイトが確認された。

日本庭園の庭石で大活躍！

名石、変成岩

　日本の伝統的な庭園を訪れると、その風景を彩る数々の庭石に目を奪われることだろう。そのなかでも、庭石でよく使われる名石の1つ、変成岩に着目してみたい。

　変成岩は高温や高圧によって変成した岩石で、観賞価値のある庭石としては主に緑泥片岩と黒色片岩の2つに分類される。どちらも、独特の質感や色合い、模様などが日本庭園の静寂な雰囲気を高めつつ、庭のアクセントとして存在感をきわ立たせている。日本庭園の美しさは自然の景観を表現したところにあるが、山や川、海といった自然の要素をあらわすうえで、変成岩は日本庭園には欠かせない、「名石」と呼ぶにふさわしい石だ。庭園を訪れた際は、足元の石や庭のアクセントとして置かれている大きな岩をじっくりと観察してみよう。変成岩の持つ独特の美しさや存在感に、あらためて感動するだろう。

5章

鉱物

岩石は数種類の鉱物が

集まってできています。

主な造岩鉱物やキレイな鉱物を

紹介します。

鉱物って何？

地球が作り出した結晶

鉱物は天然の化学物質が結晶になったもので、地球が作り出した固体物質。岩石は、さまざまな鉱物の粒によって構成されていますが、中にはそのものが大きくなったものがあります。それらは規則的な形をしていますが、同じ鉱物でも見た目の色や形がちがうものなどがあります。現在わかっている鉱物は 6000 種以上ありますが、新しい種類の鉱物も発見されています。

大地の作用によって作られた鉱物

マグマや、マグマによって熱くなった熱水は、ケイ素などの岩石の成分を溶かします。圧力が低くなったり、冷えたりすることでその成分が結晶となって鉱物となります。その熱水がどこで冷えて固まったのか、どんな圧力の作用に影響されたかによっても鉱物は違います。

どんな成分が溶けた

どこで冷えて固まった

どんな圧力の作用

見た目が違っても作りは同じ

鉱物はそれぞれ規則的な形をしています。しかし、鉱物ができた環境などによって、見た目の形（外形）が変わるものもあります。また同じ1つの鉱物でも、色や形が違って見えるものもあります。写真は、多くの岩石に含まれている石英です。結晶系は三方晶系 ▶P205 の同じ形をしているのですが、写真下部は小さくギザギザした形に見えます。

鉱物の見分け方

鉱物の見分け方は難しいと言われます。同じ成分でも色や形がちがって見えるからです。厳密に見分けるには、硬度や色、鉱物を粉にしたときの色（条こん）、決まった方向に割れる性質（へき開）で調べるものや、同じ体積の水を1としたときの重さで比べる比重などの方法があります。そのほかにも、磁石の力で調べる磁性や、紫外線を当てる方法などがあります。

紫外線を当てると光る。

蛍石 ▶P213

鉱物の硬さを数字で示した硬度で、一番硬い10と判断される。

ダイヤモンド ▶P210

色や形、結晶系の違いを見てみよう

いろ　　かたち　　けっしょう けい

見分けるヒントにも

鉱物を見分けることは難しいのですが、ある程度は見分けることができます。

ここでは**「色」「外形」「結晶系」**を見ていきましょう。

鉱物に含まれる成分によって変化する 色

ルビーは赤、ペリドットは黄緑色、黒雲母は黒など、見た目の色のイメージが楽しい鉱物ですが、同じ種類のものでも違う色や光沢があるものが多く、判断が難しいものが多くなっています。鉱物の色の違いは何の成分が多いかによって、分けられています。

鉱物名はコランダムで無色だが、クロムを含むと赤色に変化する。その赤い部分がルビーとなる。

コランダム
（ルビー）　▶P206-207

マグネシウムを含む無色透明をしているが、マグネシムの一部が微量の鉄におきかわり、ニッケルを含むと黄緑色になる。

カンラン石　▶P226-227

カルシウムとマグネシウムが主成分だが、微量の鉄を含むことがある。この鉄がマグネシウムの量の半分を越えると、黒に近い緑になる。

透輝石　▶P220

外形

見た目の形

鉱物は、その中の原子が規則的に並んでいることから、形も規則的になっています。見た目の形（外形）も、少し斜めのような四角になった菱面体や、細長い柱のような柱状など、さまざまな外形があります。

菱面体

平行四辺形やひし形でできている厚みのある六面体。
少し斜めになった四角い形をしている。

方解石
▶ P215

菱マンガン鉱
▶ P216

柱状

柱のように細長い形をしている。

電気石
▶ P231

二十四面体

1つの面が四角で、二十四面ある。

柘榴石
▶ P222-223

結晶系

結晶軸の数・角度・長さで分類

鉱物の原子は同じ並び方をしている部分が繰り返されています。その基本となる形を、各辺の長さと、向きを表す結晶軸とその数に分類したものを結晶系といいます。この本で紹介している鉱物の結晶系の6つを紹介します。

立方晶系

長さが同じ結晶軸の3本が、90度で交わる。

柘榴石　蛍石
ダイヤモンド　など

数	長さ	角度
3本	同じ	90度

単斜晶系

3本とも違う長さの結晶軸は、2つが90度で交わる。

黒雲母　普通角閃石
緑簾石　紅簾石　など

数	長さ	角度
3本	異なる	2つが90度

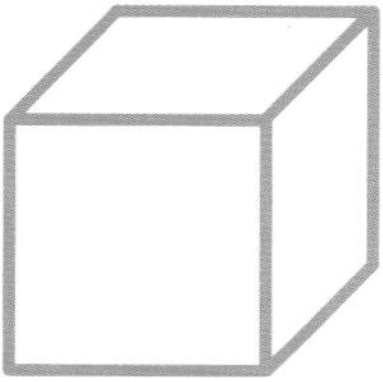

三方晶系

長さが同じ結晶軸の3本が、全て90度以外の同じ角度で交差する。また面はひし形になる。

石英 方解石 など

数	長さ	角度
3本	同じ	90度以外

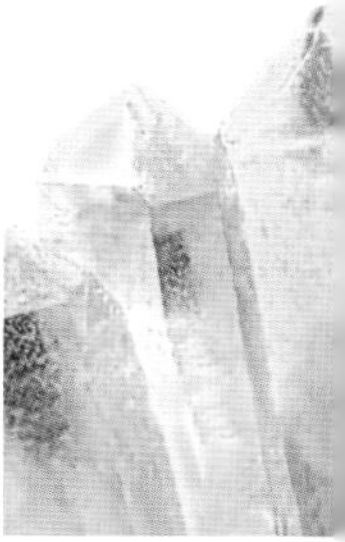

六方晶系

結晶軸の4本のうち、同じ長さの3本が平面上で120度で交差し、その交差点に残りの1本が垂直に交わる。

緑柱石 石墨 など

数	長さ	角度
4本	3本同じ	120度

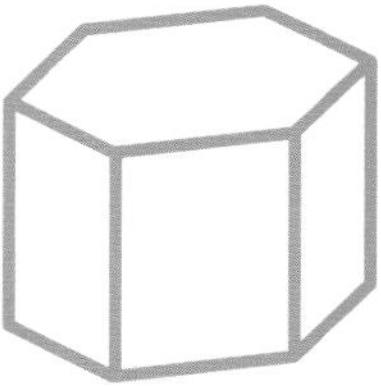

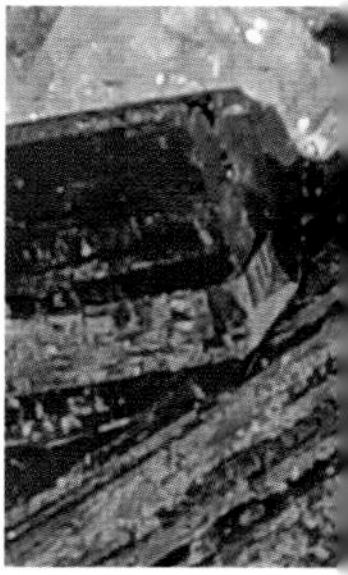

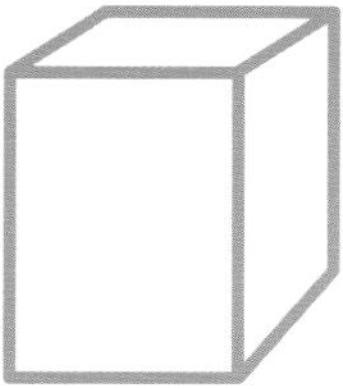

直方晶系

3本の長さが違う結晶軸が全部90度で交わる。

頑火輝石 紅柱石 など

数	長さ	角度
3本	異なる	90度

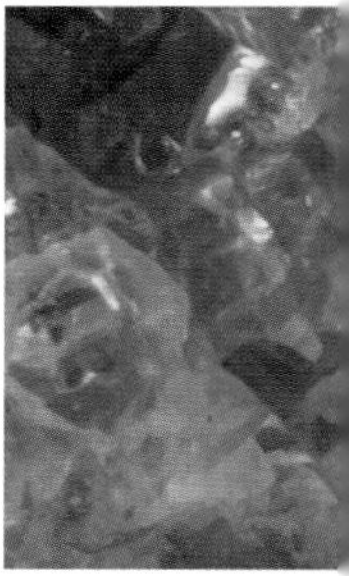

三斜晶系

3本の長さが違う結晶軸が、全部90度以外の違う角度で交わる。

斜長石 など

数	長さ	角度
3本	異なる	90度以外

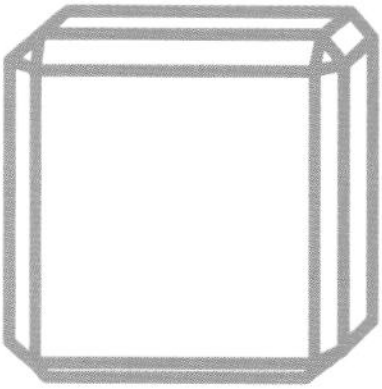

コランダム ／ルビー

三方晶系

分類	酸化鉱物		
産状	火成岩、ペグマタイト、変成岩		
比重	4.0〜4.1	硬度	9
へき開	なし	光沢	ダイヤモンド〜ガラス,真珠
色／条痕色	紅（赤）／白		
化学式	Al_2O_3		

クロムを含む
赤いコランダム

ルビーとは、コランダムという酸化アルミニウム（Al_2O_3）の鉱物の一種です。コランダムの中でも特にクロムが含まれることで、無色のコランダムが赤色に変化した鉱物を指します。ミャンマーやインドなどがルビーの原産地として有名です。ルビーが発掘される岩石は、高温で変成作用を受けた変成岩や大理石などが多く、大地により強くプレスされるような場所でできるため、大きなルビーはとても貴重です。アメリカの宝石商協会が鉱物学者クンツの決定をもとに 1912 年から 7 月の誕生石として扱い始めました。

赤色の美しい部分が
ルビー。透明感が
高いほど高級と
される

COLUMN

「鳩の血」と呼ばれる最高級のルビー

最高級で貴重なルビーのことを「ピジョン・ブラッド」と呼ぶ。「ピ
ジョン・ブラッド」とは、直訳すると「鳩の血」。ミャンマーのモゴッ
ク地区が原産とされ、鳩の血の赤色のような深い赤色をしているこ
とから名付けられた。ルビーにおいて、重要なのは色の濃さと透明
感の高さ。太陽光の下で赤みが増す「ピジョン・ブラッド」は貴重で
あり、価値が高いとされている。

\ ✤ Corundum(Sapphir) /

コランダム / サファイア

三方晶系

分類	酸化鉱物		
産状	火成岩、ペグマタイト、変成岩		
比重	4.0〜4.1	硬度	9
へき開	なし	光沢	ダイヤモンド〜ガラス、真珠
色／条痕色	無、青、緑、黄、紫、黄金、ピンク、褐／白		
化学式	Al₂O₃		

青以外もサファイア！？

サファイアとは、ルビーと同様に、コランダムという酸化アルミニウム（Al₂O₃）の鉱物の一種です。かつては青い石の総称でしたが、現在サファイアは宝石質のコランダムの中でルビー以外のものを示します。つまり、サファイアといえば、青色と考える人が多いかもしれませんが、宝石質のコランダムの中でルビー以外のことをサファイアと呼ぶため、薄いピンク色や黄色といった様々な色のものもあります。スリランカやタイやオーストラリアを原産地とするものが多いです。価値の基準もまたルビーと同様に色が濃いほど価値があるとされています。

加工することで
光り輝くサファイア。
色の濃さが
価値を決める

最高級のサファイア「コーンフラワー」

インド・カシミール地方で採れるサファイアの結晶のことを「コーンフラワー」と呼ぶ。サファイアの価値は色の濃さで決まるため、深い青色のサファイアである「コーンフラワー」はとても価値が高い。現在、カシミールでは採掘が中止されているため、さらに希少価値が上がっている。他にも、「ロイヤルブルー」というミャンマーで産出される深い青色のサファイアも価値が高い。

ダイヤモンド

立方晶系

分類	元素鉱物		
産状	火成岩、変成岩、堆積物、堆積岩、隕石		
比重	3.5	硬度	10
へき開	なし	光沢	ダイヤモンド
色／条痕色	無／無		
化学式	C		

炭素だけでできた最も硬い天然鉱物

ダイヤモンドとは、元素鉱物であり、炭素（C）だけでできています。ダイヤモンドと同じ化学組成のものに石墨（グラファイト）と呼ばれる、黒くて柔らかい鉱物があります。石墨とダイヤモンドは化学組成が同じにもかかわらず、炭素原子の配列の違いによりダイヤモンドは透明です。また、柔らかい石墨に対して、ダイヤモンドは天然の物質の中で最も硬い鉱物です。ダイヤモンドは、深さ150km以上のマントルで生まれ、そのダイヤモンドがキンバーライト質のマグマと共に上昇することで地表に出てきます。

透明で光り輝く
ダイヤモンド。
最も硬い鉱物

COLUMN

呪われた「ホープダイヤモンド」

「ホープダイヤモンド」と呼ばれる曰く付きのブルーダイヤモンドがある。現在はアメリカのスミソニアン博物館に所蔵されているが、フランスのルイ14世がこのダイヤモンドを購入したときは、子どもや孫に先立たれるなどの悲劇が。その後、ダイヤモンドを譲り受けたルイ16世とマリー・アントワネットはフランス革命で断罪された。1830年には、銀行家のヘンリー・ホープが手に入れるが、破産。その後も様々な人の手に渡ったが、人々には災難が降りかかった。

\ 英 Graphite /

石墨
せ き ぼ く

六方晶系

分類	元素鉱物		
産状	深成岩、堆積岩、変成岩		
比重	2.1〜2.3	硬度	1〜2
へき開	一方向に完全	光沢	金属〜亜金属、土状
色／条痕色	黒〜鋼灰／黒		
化学式	C		

まるで鉛筆の芯の
ように黒い石墨。
工業分野で広く
使用されている

鉛筆にも使われている

石墨とは、炭素（C）という単一の元素からできる炭素鉱物です。他に
も、炭素（C）のみで構成されている鉱物として有名なのがダイヤモン
ドです。石墨は、天然の鉱物の中で最も硬いとされているダイヤモン
ドとは異なり、原子の配列である結晶構造が異なるため、柔らかいの
が特徴です。他にも、結晶構造が異なることで、石墨は電気を通すの
に対して、ダイヤモンドは電気を通さないという違いがあります。石
墨は特性を生かして、鉛筆の芯や潤滑剤などに使用されています。

蛍石
<ruby>蛍<rt>ほ</rt></ruby><ruby>石<rt>た</rt></ruby>
（ほ　た　る　い　し）

\ ⊕ Fluorite /

分類	ハロゲン化鉱物		
産状	ペグマイト、熱水鉱脈、スカルン		
比重	3.0～3.3	硬度	4
へき開	四方向に完全	光沢	ガラス
色／条痕色	無、緑、青、ピンク、黄など／白		
化学式	CaF		

紫外線に照らし
出されると輝く。
淡い緑色で
透明な鉱物

紫外線をあてると発光する！

蛍石は世界中で産出されます。英名である Fluorite（フローライト）にちなんで、紫外線を蛍石に照らすと発光するという現象に「蛍光現象（フローレッセンス）」という名がつけられました。純粋な蛍石は無色透明ですが、微量の希土類元素というレアメタルの一種が含まれることで、緑色や黄色や紫色に変化して発見されるケースが多いです。純粋な蛍石は無色透明であり、波長の違いによる分散が低いという特徴を生かして、望遠鏡やカメラや顕微鏡の高性能レンズとして使用されています。

方解石

ほうかいせき

三方晶系

分類	炭酸塩鉱物		
産状	火成岩、ペグマタイト、熱水鉱脈、変成岩、堆積岩		
比重	2.7	硬度	3
へき開	三方向に完全	光沢	ガラス、真珠
色／条痕色	無、白、黄、ピンク、淡青／白		
化学式	CaCO₃		

石灰岩を構成する身近な鉱物

方解石とは、炭酸塩を主成分とする炭酸塩鉱物の一種であり、世界中で多く産出されています。化学組成は炭酸カルシウム（CaCO₃）です。石灰岩のおもな成分で、石灰岩が変成すると結晶質石灰岩となり、大理石として利用されることもあります。方解石は、花びらのような形の結晶や犬の牙のような形をした結晶、針のような形をした結晶があります。色も多彩で、無色透明のものやオレンジ色のものなど様々です。

花びらのような
形の結晶によって
形づくられる。
複屈折が特徴的

バイキングの羅針盤に使われた？

今から約1000年前、西ヨーロッパのバイキングは、霧や雲に覆われている海の中を「サンストーン」と呼ばれる不思議な石を用いて、交易していた。サンストーンを使うことで、太陽の位置を割り出していたと考えられているが、サンストーンに用いられた鉱物が何だったのかは、まだ特定されていない。しかし、候補のひとつに「方解石」が挙げられており、実際、バイキングの時代より数百年後の1592年に沈没した船から、板状の方解石が見つかった。「サンストーン＝方解石」説の期待が高まっている。

215

\ 英 Rhodochrosite /

菱マンガン鉱

りょう　　　　　　　　　　　こう

三方晶系

分類	炭酸塩鉱物		
産状	ペグマタイト、熱水鉱脈、変成岩、堆積岩		
比重	3.5〜3.7	硬度	3.5〜4
へき開	三方向に完全	光沢	ガラス〜真珠
色／条痕色	ピンク〜赤、褐、灰／白		
化学式	MnCO$_3$		

> 濃い赤色が印象的。ジュエリーとしても人気が高い

「インカ・ローズ」で知られるバラ色の鉱物

　菱マンガン鉱とは、結晶構造が方解石と同じで、マンガン鉱床などから産出します。菱マンガン鉱の英名である「Rordochrosite（ロードクロサイト）」は、ギリシャ語で「バラ色の石」という意味で、濃い赤色やピンク色が印象的な鉱物です。特に形がきれいな濃い赤色やピンク色の半貴石がジュエリーとして人気が高いです。菱マンガン鉱は、インカ帝国時代の鉱山があるペルーやアルゼンチンなどの中南米で産出することが多いため、「インカ・ローズ」と名付けられ、世界中で知られるようになりました。

カリ長石
ちょうせき

単斜晶系

分類	テクトケイ酸塩鉱物		
産状	火成岩、ペグマタイト、変成岩		
比重	2.5〜2.6	硬度	6
へき開	二方向に完全	光沢	ガラス、真珠
色／条痕色	無、白、黄、ピンク、帯緑など／白		
化学式	$(K,Na)AlSi_3O_8$／$KAlSi_3O_8$		

※正長石のデータです

> カリウムが豊富な
> カリ長石。
> 白くてマットな
> 質感

カリウムを
豊富に含む長石の一種

カリ長石は、カリウムを豊富に含む長石グループの鉱物で、正長石、玻璃長石、微斜長石などの総称です。正長石と微斜長石は、深成岩や変成岩から産出され、玻璃長石と曹微斜長石は、火山岩から産出されます。長石グループは、地殻の岩石を形成する鉱物（造岩鉱物）の中で、最も多く、およそ20種類の鉱物を持ち、2つのグループに分類されます。その一方が、アルカリ長石類で、カリ長石はその分類の一種です。

普通角閃石
ふつうかくせんせき

単斜晶系

分類	イノケイ酸塩鉱物		
産状	火成岩、変成岩		
比重	3〜3.5	硬度	5〜6
へき開	二方向に完全	光沢	ガラス〜真珠
色／条痕色	灰緑〜暗緑、褐、黒／灰		
化学式	$Ca_2(Mg,Fe)_5Al(Si_8)O_{22}(OH)_2$		

多くの種類を持つ
角閃石グループの中で
最もよく見られる
普通角閃石。特有の
突起を持つ

日本各地の火山岩や変成岩から産出される

普通角閃石は角閃石グループというグループの中で、最もよく見られる鉱物です。角閃石グループとは、直方晶形や単斜晶形というような結晶構造や化学組成の違いによって187種類にも鉱物を分けることが可能なグループのことです。普通角閃石は、火山岩から産出されることが多く、その場合は火山岩が風化し分解することで結晶が出現します。また、普通角閃石の中にもアルミニウムや鉄などの成分が原因となって、苦土普通角閃石や鉄普通角閃石などに変化するものもあります。

\ 英Augite /

鉱物　　単斜晶系

普通輝石
（ふつうきせき）

単斜晶系

分類	イノケイ酸塩鉱物		
産状	火成岩、変成岩		
比重	3.1〜3.3	硬度	5.5
へき開	二方向に明瞭	光沢	ガラス〜真珠
色／条痕色	無、灰、淡黄、淡緑、褐など／白、淡褐		
化学式	$(Ca,Mg,Fe)_2Si_2O_6$		

産地が多く、
日本各地で産出される
普通輝石。
角閃石と重なる
点が多い

へき開の違いで角閃石と見分ける

「普通」という語が使われる鉱物はグループの中で最も多く見られる
という特徴があるため、普通輝石は単斜輝石や直方輝石などが含ま
れている輝石グループの中で最も多く見られます。普通輝石は産地
が多く日本各地で産出されているという特徴を持っています。角閃
石と重なる点が多く、化学組成と結晶構造で20種類に分けること
ができるという点と見た目が似ているという点が共通しています。
輝石は角閃石と異なり、へき開の交わる角度がほぼ直角であるので、
その違いを利用して見分けることができます。

219

❀ Diopside

透輝石
とうきせき

分類	イノケイ酸塩鉱物		
産状	変成岩		
比重	3.3〜3.5	硬度	6
へき開	二方向に完全	光沢	ガラス
色／条痕色	無〜暗緑、褐、ピンクなど／白〜淡緑		
化学式	CaMgSi$_2$O$_6$		

構成要素の
割合によって色や
鉱物名が
左右される

成分の分量で色が変わる

透輝石とは、輝石グループという火成岩や変成岩に含まれる鉱物の
グループの一種であり、そのグループの中で普通輝石に次いで多く
産出される鉱物です。透輝石は、カルシウムとマグネシウムを含む
輝石で、成分の分量によって色が変化します。マグネシウム（Mg）
が半分以上鉄（Fe2+）に変わると、黒みがかった深い緑色になり、灰
鉄輝石となります。また、マグネシウム（Mg）がマンガン（Mn）に変
わると、淡い水色のヨハンセン輝石になり、カルシウムの割合が少
なくなると普通輝石になります。

頑火輝石
がん　か　き　せき

直方晶系

分類	イノケイ酸塩鉱物		
産状	火成岩、変成岩		
比重	3.1〜3.3	硬度	5.5
へき開	二方向に完全	光沢	ガラス〜真珠
色/条痕色	無、灰、淡黄、淡緑、褐など／白〜淡渇		
化学式	$Mg_2Si_2O_6$		

熱に強い。
豊富な
マグネシウムを
持つ

花が咲いたような結晶

頑火輝石とは、火に対して頑丈であるという名の通り、高い温度に耐性のある鉱物です。頑火輝石の英名である Enstatite も同様に、ギリシャ語で「対抗する」という意味があります。頑火輝石は熱に強いため、炉の耐火材などに使用されることがあり、結晶は花のような見た目をしています。マグネシウムを多く含んでいるという特徴があり、マグネシウムと鉄の割合が変化することによって、異なる鉱物になります。鉄がマグネシウムより多くなると、鉄珪輝石と呼ばれる輝石に変化します。

柘榴石

ざくろいし

英 Garnet

立方晶系

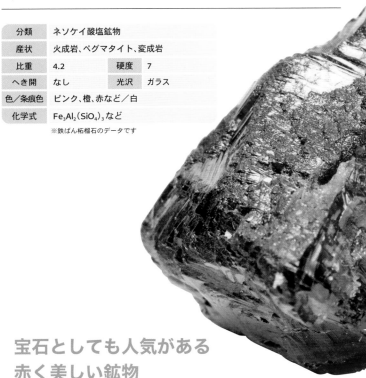

分類	ネソケイ酸塩鉱物		
産状	火成岩、ペグマタイト、変成岩		
比重	4.2	硬度	7
へき開	なし	光沢	ガラス
色／条痕色	ピンク、橙、赤など／白		
化学式	$Fe_3Al_2(SiO_4)_3$ など		

※鉄ばん柘榴石のデータです

宝石としても人気がある
赤く美しい鉱物

柘榴石は名前の通り、ザクロの赤い粒のような見た目をしていることから、名付けられました。結晶は12面体や24面体といった規則正しい形をしています。鉄ばん(Fe,Al)柘榴石や灰ばん(Ca,Al)柘榴石、満ばん(Mn,Al)柘榴石、灰鉄(Ca,Fe)柘榴石など、30種類以上の種類がある、とても大きなグループです。また、宝石としても人気のある鉱物で、1月の誕生石としても広く知られています。

柘榴のように
深い赤色。
女王にも愛された

COLUMN

イギリスのビクトリア女王に愛された鉱物

柘榴石は多くの場所で産出され、古くから愛された。19世紀ごろ、歴代で2番目に長く女王に在位したイギリスのビクトリア女王がパイロープという柘榴石をドーム状に磨いたものを好み、ヨーロッパ中で柘榴石が流行った。パイロープの中でも特に、チェコのボヘミア地方で産出されるパイロープが「ボヘミアンガーネット」という名称で有名だったが、南アフリカでも産出されるようになり、衰退していった。

紅柱石
こうちゅうせき

\ 英 Andalusite /

直方晶系

分類	ネソケイ酸鉱物		
産状	変成岩、ペグマタイト		
比重	3.1〜3.2	硬度	6.5〜7
へき開	二方向に完全	光沢	ガラス
色/条痕色	ピンク〜褐色、白、黄灰、褐など/白		
化学式	Al₂SiO₅		

鉄のおかげで赤く色づく

紅柱石は、見る方向や光の関係によって赤色や緑色など様々な色に見えるという特徴があります。不純物と混ざっていないものは無色のものもありますが、滅多に産出されることはありません。しかし、主に産出される紅柱石は、鉄が含まれることにより無色から紅色に変化したものが多いです。英名の「Andalusite」はスペインのアンダルシア州で発見されたことが名前の由来です。

見る方向によって
色が変わりやすい。
紅色のものが多い

COLUMN

お守りだった紅柱石

角度によって緑色や赤色などに見える紅柱石（アンダルサイト）。アンダルサイトの中でも特に、断面に黒色で十字架のような模様が見えるものがあり、それを「キアストライト」と呼ぶ。かつて、キアストライトが十字架模様であることから、呪いから守ってくれる効果があると考えられており、多くの巡礼者が買ったお守りに用いられていたようだ。

\ 英 Olivine(Peridot) /

カンラン石 せき /ペリドット

直方晶系

分類	ネソケイ塩酸鉱物		
産状	火成岩、変成岩、スカルン		
比重	3.2〜3.3	硬度	6〜7
へき開	なし(不完全)	光沢	ガラス
色/条痕色	淡緑〜緑、無、白/白		
化学式	$(Mg,Fe)_2 SiO_4$		

マントルを構成する

カンラン石とは、一般的に見られる緑色が特徴的で、マグネシウム(Mg)が主の「苦土カンラン石」や、鉄(Fe)が主の「鉄カンラン石」と、その中間の組成の鉱物からなります。カンラン石は、漢字で「橄欖石」と表し、「橄欖」というオリーブに似た植物が由来となっていると言われています。地殻の下にあるマントルの上部はカンラン岩でできています。つまり、上部マントルは主にカンラン石により構成されているといえます。「苦土カンラン石」の中でも、特に緑色で透明度が高い鉱物は「ペリドット」という宝石として人気があり、8月の誕生石として有名です。

特に緑色が
美しいものは
「ペリドット」という
宝石として人気

COLUMN

「太陽の石」と呼ばれたペリドット

約3500年前に、セントジョン島（現ザバルガート島）という紅海に浮かぶ島で上質なペリドットが産出されていた。古代エジプトではペリドットのことを「太陽の石」と呼び、エジプトのプトレマイオス1世の王妃に寄贈されたと言われている。しかし、当時はペリドットではなく無色やピンク色、緑色などの多様な色を持つトパーズの一種として誤って認識され、扱われていた。

紅簾石

こうれんせき

単斜晶系

分類	ソロケイ酸塩鉱物		
産状	変成岩		
比重	3.4	硬度	6〜7
へき開	一方向に完全	光沢	ガラス
色/条痕色	ピンク〜赤、赤褐〜赤黒／紅		
化学式	$Al_2M^{3+}(SiO_4)(SiO_7)$		

> マンガンを含むことで
> 赤色になる。
> 高い透明度が
> 特徴的

緑簾石グループの紅簾石

紅簾石とは、緑簾石という 26 種類の鉱物を含むグループの一種。特に、紅簾石は、緑簾石の鉄(Fe^{3+})がマンガン(Mn^{3+})に置き換わった紅色の鉱物のことを指し、紅柱石よりも透明度の高い紅色が特徴的な鉱物です。イタリアのピエモン州が由来となって、紅簾石の英名である Piemontite は名付けられました。紅簾石を多く含む結晶片岩を紅簾石片岩といい、日本各地にある高圧条件でできた変成岩地帯に広く分布しています。紅簾石片岩の露頭は価値が高く、埼玉県の皆野町にある紅簾石片岩の露頭は国指定の名勝・天然記念物に指定されています。

\ 英 Epidote /

緑簾石
りょくれんせき

単斜晶系

分類	ソロケイ酸塩鉱物
産状	変成岩、スカルン、熱水鉱脈、ペグマタイト
比重	3.3～3.6 　硬度	6～7
へき開	一方向に完全 　光沢	ガラス
色／条痕色	黄～緑、緑黒、黒、灰／灰白
化学式	$Ca_2Al_2Fe^{3+}(SiO_4)(Si_2O_7)O(OH)$

緑簾石グループの
代表である緑簾石。
緑色の結晶が
魅力

簾のような見た目が名前の由来
すだれ

緑簾石グループという紅簾石や灰簾石などを含むグループの代表が緑簾石です。柱状の結晶に現れる深く平行な筋がまるで簾のように見えるということが由来となり、緑簾石と名付けられました。現在の長野県上田市にある緑簾石は「焼き餅石」という名で有名です。丸い石の中に緑簾石が入っていて、その様子がまるで餡の入った饅頭のようであることがきっかけで「焼き餅石」と呼ばれるようになったようです。

電気石

でんきせき

英 Tourmaline

三方晶系

分類	シクロケイ酸塩鉱物		
産状	火成岩、変成岩、スカルン		
比重	2.9〜3.2	硬度	7.5
へき開	なし	光沢	ガラス
色／条痕色	緑、藍、ピンク、黄、褐など／白		
化学式	$Na(Li,Al)Al_6(BO_3)_3Si_6O_{18}(OH)_4$		

※リシア電気石のデータです

静電気を発する透明で美しい鉱物

電気石は電気を帯びているという特徴があり、結晶を熱したり、叩いたりすることによって静電気が発生します。電気石は、苦土電気石（ドラバイト）やリチア電気石（エルバアイト）など成分の違いによって 30 種類以上に分けることが可能です。その中で最も産出されるのは、主成分が鉄である鉄電気石（ショール）です。また、トルマリンという名で、透明で美しい電気石は宝石になります。色は黒色や紅色など様々です。

電気を帯びる
性質を持つ。
30種類以上に
分けることができる

まるでスイカ！のようなトルマリン

色の宝庫と呼ばれるほど、様々な色を持つトルマリンだが、「ウォーターメロントルマリン」という、名前の通り、スイカのように赤（ピンク）と緑のバイカラーのトルマリンがある。特に、外側が緑で、内側が赤やピンクになっているものは、とても珍しく希少価値が高い。また、パワーストーンとしても人気の高いトルマリンだが、中でもウォーターメロントルマリンは、物事のバランスを保つという意味がある。

緑柱石

英 Beryl(Aquamarine)
りょくちゅうせき

六方晶系

分類	シクロケイ酸塩鉱物		
産状	熱水鉱脈、ペグマタイト、変成岩		
比重	2.7〜2.9	硬度	7.5〜8
へき開	なし(不完全)	光沢	ガラス
色／条痕色	無〜淡青〜緑、黄、ピンクなど／白		
化学式	$Be_3Al_2Si_6O_{18}$		

> 美しい水色が
> アクアマリン、
> 緑色だとエメラルド
> になる

エメラルドやアクアマリンになる

緑柱石は、結晶が六角形であるという特徴があり、透明で美しい緑柱石は、「エメラルド」や「アクアマリン」という名で宝石として有名です。「エメラルド」か「アクアマリン」の違いは、成分の違いによる色の差異によるもの。「エメラルド」はクロムやバナジウムが加わることが原因で濃い緑色になったものです。また、「アクアマリン」は鉄が入ることで水色のような淡い青色の宝石を指します。他にも、「モルガナイト」や「レッドベリル」といった宝石も緑柱石の一種です。特に「エメラルド」はクレオパトラやカエサルに愛された宝石として知られています。

\ ✦ Biotite /

黒雲母
（くろうんも）

単斜晶系

分類	フィロケイ酸塩鉱物		
産状	火成岩、変成岩、スカルン		
比重	2.8〜3.4	硬度	2.5〜3
へき開	一方向に完全	光沢	ガラス〜真珠
色／条痕色	黒褐、緑褐、黒／灰		
化学式	$K_2(Mg,Fe^{2+},Al)_{6〜5}(Si,Al)_8O_{20}(OH)_4$		

> 花崗岩を作る鉱物の一種である黒雲母。ペラペラと薄く剥がれやすい

キラキラと黒く光る

黒雲母とは、色の濃い金雲母や鉄雲母を総称した語です。金雲母は成分に金が含まれているわけではなく、キラキラと金色に輝くことから名付けられ、鉄雲母は鉄が含まれていることで鉄雲母と呼ばれるようになりました。成分の観点から考えると、鉄雲母は鉄を含んだものですが、金雲母はその鉄がマグネシウムへと変化した鉱物のことです。黒雲母は別名「千枚はがし」と呼ばれています。理由は、特定の方向へ割れやすい性質のことをへき開と言いますが、そのへき開が一方向でありペラペラと剥がれやすいからです。

三方晶系

英 Quartz

石英
せきえい

分類	テクトケイ酸塩鉱物		
産状	熱水鉱脈、火成岩、ペグマタイト、変成岩、スカルン		
比重	2.6〜2.65	硬度	7
へき開	なし	光沢	ガラス
色/条痕色	無〜白、黄、紫、褐、黒／白		
化学式	SiO_2		

無色透明できれいな結晶（自然結晶）のものは水晶になる

無色透明なものが水晶に

石英とは、二酸化ケイ素（SiO_2）で構成された結晶です。石英の成分である酸素とケイ素は地殻の主要な元素であり、火山岩や変成岩などの多くの岩石に含まれています。ガラスのように透明でばらつきのある形で産出されることが多い鉱物です。石英の中でも無色透明なものは水晶と呼ばれるようになります。水晶では、放射線と成分が関係して色がつくことがあり、紫色の水晶は放射線と鉄イオンが原因となって色が変化しています。他にも黒色のような水晶などもあります。

\ 🔬 Plagioclase /

斜長石
しゃちょうせき

分類	テクトケイ酸塩鉱物		
産状	火成岩		
比重	2.7〜2.8	硬度	6〜6.5
へき開	一方向に完全	光沢	ガラス
色／条痕色	無、白、青／白		
化学式	$(Ca,Na)(Si,Al)_4O_8$		

> 月の岩石にも
> 含まれている斜長石。
> 長石の一種である

ほとんどの岩石に含まれる

斜長石は、ナトリウムやカルシウムを含む長石の一種で、ほとんどの岩石に含まれます。斜長石類のうち、ナトリウムが豊富なものを曹長石、カルシウムが豊富なものを灰長石といい、斜長石はそれらの中間の組成も含めたものです。表面が虹色に輝くラブラドライトも、斜長石の一種で、準貴石と扱われる人気の高い鉱物です。また、宝石として人気の高いムーンストーン（月長石）は、カリ長石と、曹長石が、薄い層状になって交互に重なった構造になったものです。

光る鉱物「北海道石」

2023年5月26日、相模中央化学研究所や大阪大学などの研究グループが、新鉱物「北海道石」（学名：hokkaidoite）を発見したと発表しました。見つかったのは北海道鹿追町と愛別町の2地域。北海道石は有機化合物、炭化水素の天然結晶で、紫外線を当てるときれいに蛍光する特性があります。北海道石は鹿追町ではオパール中に、愛別町では古い鉱山の鉱脈に小さな結晶で産します。

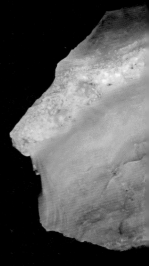

石油生成の謎を解くカギが含まれる!?

北海道石は、鹿追町では火山の中腹にかつて湧いていた古温泉にできたオパール中に微細な結晶として含まれています。紫外線を当てると黄緑色や黄色に蛍光します。研究者は、北海道石をつくる成分は、温泉によって地下から運ばれたと考えていて、火山活動による熱や高温の水（熱水）によって地下深部に眠る古生物遺骸が変質して生まれた成分

鹿追産北海道石。黄緑色に光る部分に含まれる

北海道石の名前は、国際鉱物学連合にて2023年1月に承認・登録された

だと推測しています。また石油などの有機化合物も、地下の古生物の遺骸が同様に圧力や熱によって変質して生じるものと考えられていることから、北海道石を調べることは、石油生成のメカニズム解明にもつながるといいます。北海道石は、とかち鹿追ジオパークビジターセンターや北海道大学総合博物館などで展示されています。

COLUMN 05

岩絵具に秘められた自然の力

鉱物がもたらす色彩

尾形光琳『八橋図屏風』(メトロポリタン美術館)
金箔、アズライト、マラカイトで描かれている

　アートの世界で色彩の表現は美しい絵の具によっ
てつくり出される。絵の具のなかに、大地の歴史が
秘められていることを知っているだろうか?

　日本絵画で使われる岩絵具は、天然の鉱物を砕い
て粒子状にしてつくられる。粒子は砂のようにざら
ざらしていて、艶のないマットな質感が特徴だ。天
然であるゆえ、希少で色数が少なく高価であるが、
独特の深みのある色わいが美しい。例えば、日本画
で緑青のもとになっている「孔雀石(マラカイト)」、
群青の「藍銅鉱(アズライト)」。これらの鉱物は、地
球の中で数百万年にわたり形成されてきたもので、
同じ結晶構造でも1つとして同じ造形がない。絵の
具として使用されることで、その自然の美しさや力
強さがキャンバス上に生き生きと表現される。芸術
と自然の結びつきを感じながら、絵の具の中に秘め
られた自然の力を感じてみよう。

6章

ジオパークで岩石を見よう

地形や地質などによって見られる
岩石は違います。その地域特有の岩石を
見られるのがジオパークです。

日本ジオパークで
岩石探検をしてみよう！

ジオパークとは、地質や地形から地球の過去を知って、保護や教育などさまざまな考え方の中で管理されたエリアのこと。日本ジオパーク委員会が認定した日本ジオパークは2023年5月現在で46地域あります。その中でユネスコ世界ジオパークに認定されているのは10ヶ所です。

北海道

日本の最北端

火山活動の影響を大きく受けてきた北海道のジオパーク

北海道にはユネスコ世界ジオパークに認定された2つのジオパークと4つの日本ジオパークがあります。いずれのジオパークも火山噴火などの活動に大きく影響されて形成された岩石に加え、その変化の歴史と、そこに住んできた人間や動物の暮らしなども見学できます。

1 火山活動によって変動してきた

洞爺湖有珠山ユネスコ世界ジオパーク

北海道の南に位置する巨大噴火でできた洞爺湖と、今も活発な火山活動でできた有珠山のエリア。大昔から繰り返されてきた火山活動によって変化してきた大地の姿を体感できる。

③ 火山の跡が見られる

十勝岳ジオパーク

300万年間つづいた火山活動によって作られた十勝岳連峰にある。今でも火山活動を繰り返しているため、溶岩流や火砕流、泥流など噴火の痕跡が多くのこされている。

② 1億年の時間旅行ができる!

三笠ジオパーク

石狩平野の東端にあるジオパーク。「石炭」が発見されたことで開拓された場所。1億年前から、石炭の発見とともに栄えた、今も残る炭鉱のまち特有の文化まで感じられる。

④ 日本最大級の黒曜石の埋蔵量!

白滝ジオパーク

北海道の北東部に位置する遠軽町にある。火山活動が生み出した日本最大級の質・埋蔵量を誇る白滝黒曜石。その火山活動と、黒曜石を見ることができる。

● 旭川
白滝
十勝岳
▲
三笠
▲
大雪山
国立公園
● 札幌
● 千歳
洞爺湖
▲ 有珠山
アポイ岳

⑤ 日本で唯一「凍れ」をテーマにした

とかち鹿追ジオパーク

北海道東部に広がる十勝平野と鹿追町全域が、とかち鹿追ジオパーク。大雪山国立公園や然別湖があり雄大な自然風景を見られる。

⑥ かんらん岩で形作られた

アポイ岳ユネスコ世界ジオパーク

日高山脈の西南端にあるのがアポイ岳。プレートの衝突によって日高山脈ができたときに、地殻の下にあったマントルがつき上げられるようにしてできたのがアポイ岳になる。マントルの情報をもつかんらん岩をはじめ、奇岩類などが楽しめる。

豊かな自然

自然の厳しさと豊かさを実感する 東北のジオパーク

東北には8つの日本ジオパークがあります。手つかずの自然が残り、豊かな自然の恵みを享受してきた歴史がある一方で、地震や津波などの自然の脅威である災害と向き合ってきた地域が多くあります。大地・環境・人間との深い関わりを多様な角度から実感できます。

①「半島と干拓が育む人と大地の物語」がテーマ

男鹿半島・大潟ジオパーク

秋田県沿岸部のほぼ中央に位置する。7000万年前から現在までの大地の歴史や人々の暮らしを多様な角度から連続して見て、学ぶことができるジオパーク。

②「日本海と大地がつくる水と生命の循環」がテーマ

鳥海山・飛島 ジオパーク

山形県・秋田県にまたがる活火山「鳥海山」と「不思議の島 飛島」を含む。溶岩と岩なだれでできた景観や日本海の水の恵みを感じられる。

③ 周辺に広がる高原地帯

磐梯山ジオパーク

福島県の中央部、奥羽山脈の一火山である磐梯山を中心とした地域に位置するジオパーク。磐梯火山の誕生や変遷、周辺地域で形成された独自の文化について分かりやすく紹介している。

④ バラエティに富んだ地形が多い

八峰白神ジオパーク

世界自然遺産である白神山地を
含め、険しい山地からなだらか
な平野までバラエティに富んだ
地形・地質を観察できる。

下北半島

青森県

⑤ 本州の最北にある

下北ジオパーク

『海と生きる「まさかり」の大地 ～本州最北の
地に守り継がれる文化と信仰～』がテーマ。
日本列島を構成する4つの地質が下北に集
結しており、それを確認できるのも魅力。

⑥ 日本一広大なジオパーク

三陸ジオパーク

秋田県

岩手県

青森県・岩手県・宮城県から成る日
本一広大な三陸ジオパーク。三陸
の背骨ともいえる北上山地は鉱山
資源に恵まれたエリア。また荒波
の侵食によってできた海食崖や奇
岩のある海岸などもある。

⑦ 大地の恵みに結びつく「湯沢」の名

ゆざわジオパーク

山形県

およそ9700万年前の神室山花崗岩類を
基盤として、火山噴火を繰り返し長い年
月をかけて大地を侵食した水の働きが刻
まれたジオサイトが多く存在する。

宮城県

⑧ 自然災害の克服の歴史が刻まれる

栗駒山麓ジオパーク

▲ 磐梯山

福島県

地震・斜面・火山・洪水などの自然災害に立ち向
かいながら、防災力を強化した結果、豊かな地域
が作られてきた変遷がある。災害多発地帯に住む
人と自然の関わりについて学べる。

関東

自然の恵みにあふれる
関東のジオパーク

関東には7つの日本ジオパークがあります。日本最大の広さを誇る平野がある関東地域。太平洋や湖などの水の恵みを受けながら、火山と共存してきた人々の暮らしの記録や文化や歴史、生き物について学べます。

群馬県

浅間山 ▲

① 浅間山の噴火の影響を受けた

浅間山北麓ジオパーク

浅間山の活発な火山活動があった地域。ジオパーク内には、浅間山噴火の際に流下した「鬼押出し溶岩」があり、溶岩流がつくった微地形が見られるほか、表面がゴツゴツとした塊状溶岩と呼ばれる岩塊が一面に広がっている。

神奈川県

箱根山 ●▲

② 国指定の天然記念物がたくさん

ジオパーク秩父

太古の昔に秩父が海であったことを物語る「前原の不整合」や「犬木の不整合」など6つの露頭、また「チチブクジラ」を代表とする9件の化石標本など、国指定の天然記念物が観察できる。

③ 自然の恵み豊かな国際観光地

箱根ジオパーク

40万年におよぶ箱根火山の形成史を観察できる。小田原城などの歴史文化遺産や地質資源をいかした経済活動など、文化的・政治的に日本の東西をつなぐ歴史を学べるのも見どころ。

4 大地の恵みにあふれた名所がたくさん

下仁田ジオパーク

世界遺産の「荒船風穴」や日本地質100選にも選ばれた「跡倉クリッペ」など、ダイナミックな自然と大地の歴史を堪能できる。

5 日本最大の広さを誇る「関東平野」が見どころ

筑波山地域ジオパーク

霞ヶ浦や関東平野、日本百名山の一つである筑波山を含む茨城県中南部の6市で構成される。筑波山にある男体山と女体山の山頂などでは、斑レイ岩でできた巨石や奇岩を見ることができる。

栃木県

茨城県

▲ 筑波山

埼玉県

東京都

千葉県

6 銚子の大地に刻まれた地層史

銚子ジオパーク

千葉県最東端に位置する。都心から短い移動時間で手軽に楽しむことができるのが魅力。太平洋に突き出た銚子の大地は、県内で最も古い中生代の硬い地層が見られる。

7 日本でも稀少な玄武岩の活火山がある

伊豆大島ジオパーク

大島

4〜5万年前に始まった海底噴火によって誕生した伊豆大島。多くの内陸火山とは異なる、若く活発な火山島ならではの活動様式・噴出物・堆積様式を観察することができる。

多彩な自然が背景に

日本列島の成り立ちを物語る
中部・近畿のジオパーク

中部・近畿にはユネスコ世界ジオパークに認定された３つのジオパークと６つの日本ジオパークがあります。いずれのジオパークも大地の歴史をたどりながら、多彩な自然を背景に育まれた様々な暮らしや文化に触れることができます。

①　世界的に稀な低緯度・多量積雪地域

白山手取川ユネスコ世界ジオパーク

日本海から白山までの狭い範囲で特有の水循環が生み出されている。「山−川−海そして雪　いのちを育む水の旅」がテーマ。

②　恐竜化石を数多く発見！

恐竜渓谷ふくい勝山ジオパーク

恐竜化石の発掘調査事業がさかん。「恐竜はどこにいたのか？大地が動き、大陸から勝山へ」がメインテーマとなっている。

③　プレートが出合い生まれた３つの地質体が見られる

南紀熊野ジオパーク

プレートの沈み込みに伴って生み出された異なる３つの地質体を見れるのが特徴。火成岩体、付加体、前弧海盆堆積体がつくり出す独特の景観も楽しめる。

石川県

福井県

岐阜県

兵庫県　京都府　琵琶湖

滋賀県

大阪府　三重県

奈良県

和歌山県

④ 日本海側最大の島

佐渡ジオパーク

「金と銀の島」としても世界的に名高い佐渡島。吹上海岸にある球顆流紋岩や切り立った地形が特徴的な尖閣湾などが見られる。

⑤ 日本列島がまるごとわかる

糸魚川ユネスコ世界ジオパーク

日本列島の東西境界となっている巨大な裂け目「フォッサマグナ」を見学できる。ヒスイでも有名。

⑥ 階段状の地形(河岸段丘)が特徴

苗場山麓ジオパーク

新潟県

日本有数の多雪地域にあるジオパーク。大地の隆起と中津川の働きで形成された、階段状の地形である河岸段丘を見ることができる。

富山県

⑦ 38億年の大地の歴史

立山黒部ジオパーク

長野県

大陸が分裂していた時代や大陸で恐竜が大地を歩いていた時代、そして北アルプスの隆起までを知ることができる。

山梨県

⑧ ダイナミックで美しい景観

▲富士山

南アルプス(中央構造線エリア)ジオパーク

愛知県　静岡県

3000m級の山脈を多く抱えた広大な南アルプスは、そのの大部分を大昔の海底で作られた岩石によって作られている。中央構造線も観察できる。

⑨ 南から来た火山の贈りもの

伊豆半島ユネスコ世界ジオパーク

約2000万年前は海底火山群だった伊豆半島。他の地域と異なる、その成り立ちを見ることができる。

マグマの活動が作った

歴史に触れることができる
中国・四国のジオパーク

中国、四国にはユネスコ世界ジオパークに認定された3つのジオパークと5つの日本ジオパークがあります。いずれのジオパークもマグマの活動によってできた地質や地形を利用して人々が築いた町並みの面影が残ります。

① 萩城下町を産んだ地形を見られる

萩ジオパーク

山口県北部に位置する。日本海の形成時の海底火山活動によってできた畳岩は白と黒の縞模様で、背後の高山は斑レイ岩体で、周囲の地層はホルンフェルスになっている。

② 海から陸へと移動してできた

山口県

Mine秋吉台ジオパーク

山口県美祢市にある。生物岩である石灰岩からカルスト台地となった秋吉台では、カルスト地形を生かした暮らしを見ることができる。冠山の頂上付近では、石灰藻や海綿類の化石が多く見られるため、生物は浅い海に生息していたことがわかる。その地下には秋芳洞がある。

③ 4億年前から現在までの岩石がある

四国西予ジオパーク

四国の西南に位置する。約4億年前の縦縞の地層は、火山灰でできた凝灰岩。他に、約3億年前に浅い海でできた石灰岩、約2億年前に深い海でできたチャート、約1億年前の砂岩や泥岩、現在できているトゥファがあり、4億年を体感できる。

④ 花崗岩からなる足摺岬がある

土佐清水ジオパーク

四国西南端の土佐清水市全域をエリアとする。足摺岬の大地は、約1300万年前に地下でマグマが冷えてできた花崗岩がもとになっている。足摺岬の白山洞門は、花崗岩で最大級の海食洞門で、日本で唯一ラパキビ花崗岩が見られる。

⑤ **日本海の侵食海岸とカルデラを見渡せる**

隠岐ユネスコ世界ジオパーク

西ノ島には、大陸から吹く季節風でできた大規模な奇岩が立ち並ぶ侵食海岸がある。海食崖、離れ岩、アーチ、波食棚、海食洞の一通りの地形を見ることができる。赤ハゲ山の山頂からは、約600万年前にできたカルデラの全景をパノラマで見渡すことができる。

島根半島

宍道湖

島根県

鳥取県

岡山県

広島県

⑥ **日本海形成の時代まで遡る**

山陰海岸ユネスコ世界ジオパーク

貴重な地質や地形が数多く見られ、およそ2500万年前の日本海形成の時代から現在に至るまでの過程を知ることができる。

⑦ **メノウの産地がある**

島根半島・宍道湖中海ジオパーク

日本海形成の千数百年前から宍道湖中海、そして出雲大社までと地質・文化と見どころたっぷりのジオパーク。

愛媛県

高知県

⑧ **海底で起きた溶岩噴出を見られる**

室戸ユネスコ世界ジオパーク

高知県東部の室戸半島にある。プレート境界の現象がきめ細かく理解できるようになった四万十帯(付加体)の地質や、地震や海水準変動によってできた海成段丘など、新しい大地の形成や変動する地球のダイナミズムを実感できる。

噴火の影響を受けた
九州のジオパーク

九州にはユネスコ世界ジオパークに認定された2つのジオパークと6つの日本ジオパークがあります。いずれのジオパークも繰り返される火山活動に向き合うために、景観や人々の文化がつくられています。

① 溶岩で石垣がつくられた

五島列島（下五島エリア）
ジオパーク

日本最西端のジオパーク。大陸の砂と泥が堆積した五島層群がもとになって、その後、火山の噴火で形成された。五島のシンボル鬼岳火山群から流れた玄武岩は、黒船来航を機に築城された日本最後の海城とされる石田城の石垣に使われた。

② 雲仙火山がつくった断層を見られる

島原半島ユネスコ世界ジオパーク

長崎県南部に位置している。島原半島は海に囲まれていて、中心に雲仙火山がある。東西には断層があり、島原半島の中心部は年間約1から2mm沈み続けている。最も大きい千々石断層の全長は14kmある。

③ 縄文文化を壊滅させた大噴火を起こした

三島村・鬼界カルデラジオパーク

薩摩半島の南に位置する最も小さなジオパークで、竹島の南部には流紋岩の溶岩でできた白い断崖がある。最も新しい島である昭和硫黄島では、黒曜石の光沢を見ることができる。硫黄島と竹島の間の海底に、7300年前に大噴火を起こした鬼界カルデラがある。

④ 姫島の黒曜石が見られる

おおいた姫島ジオパーク

姫島を中心にした海域を含んだ東西14km、南北6kmの範囲にある。黒曜石の断崖がある姫島の観音崎一帯は、姫島の黒曜石産地として国の天然記念物に指定された。

福岡県

佐賀県　　　　大分県

阿蘇山

長崎県

⑤ 巨大噴火で美しい景観ができた

おおいた豊後大野ジオパーク

9万年前に起こった4回目の阿蘇火山の巨大噴火では、巨大な火砕流が豊後大野の大半を埋めた。火砕流は冷えて固まり、溶結凝灰岩になった。

宮崎県

熊本県

霧島国立公園

⑥ 火山噴火の発生地を体感できる

阿蘇ユネスコ世界ジオパーク

巨大噴火でつくられた、世界で有数の規模を誇る阿蘇カルデラは、国内有数の活火山。大観峰では、鹿児島から飛んできた火山灰も見ることができる。

鹿児島県

桜島

⑦ 博物館のように多様な火山がある

霧島ジオパーク

霧島山は加久藤カルデラの南縁に霧島火山群が集まっている。地表に現れている火山は加久藤火砕流の後に形成されたとされている。

⑧ 活火山と都市が共存する

桜島・錦江湾ジオパーク

60年近くにわたり火山活動を続ける桜島を含むエリア。有村溶岩展望所では、大正溶岩と昭和溶岩を同時に見ることができて、そのほかに、安山岩の塊状溶岩、流紋岩の溶岩ドーム、火砕流堆積物によるシラス台地などの火山地形を見ることができる。

索引

参考文献

『自然散策が楽しくなる！岩石・鉱物図鑑』(池田書店)、『石ころ博士入門』(全国農協教育委員会)、『観察を楽しむ 特徴がわかる 岩石図鑑』(ナツメ社)、『ときめく鉱物の図鑑』(山と渓谷社)、『鉱物の教室』(三才ブックス)、『小学館の図鑑 ＮＥＯ 岩石・鉱物・化石』(小学館)

写真提供

大阪市立自然史博物館、(一社)日本地質学会、洞爺湖有珠山ジオパーク推進協議会、長万部町役場、南北海道の文化財、札幌の石、白滝ジオパーク推進協議会、下北ジオパーク推進協議会、(一社)鳥海山・飛島ジオパーク推進協議会、仙台市建設局百年の杜推進部、女川町役場、糸魚川市ジオパーク推進協議会、苗場山麓ジオパーク振興協議会、福島県石川町教育委員会 石川鉱石採掘跡保存会、ジオパーク下仁田協議会、小鹿野町役場、日本山岳会千葉支部事務局、銚子ジオパーク推進協議会、神奈川県温泉地学研究所、神奈川県立生命の星・地球博物館、伊豆半島ジオパーク　THE 伊豆ジオ遺産、飛騨山脈ジオパーク推進協会、浅間山ジオパーク推進協議会、海山郷土資料館、南紀熊野ジオパークセンター、(一社)隠岐ジオパーク推進機構、松江市役所文化振興課ジオパーク推進室、立山黒部ジオパーク協会、京都府レッドデータブック、山口県立山口博物館、四国西予ジオパーク推進協議会、室戸ジオパーク推進協議会、熊本県高等学校教育研究会地学部会、おおいた姫島ジオパーク推進協議会、三島村ジオパーク推進連絡協議会、磐梯山ジオパーク協議会、五島列島ジオパーク推進協議会、様似町アポイ岳ジオパーク推進協議会、沖縄県立博物館・美術館、有限会社中根石材、和光物産有限会社、石橋隆、PIXTA、Shutterstock

監修：川端清司（かわばた・きよし）

大阪市立自然史博物館館長。1986年新潟大学大学院理学研究科修士課程修了。理学修士。専門は地質学、博物館学、文化財学。吹田市文化財保護審議会委員、大阪市立大学非常勤講師、一般社団法人日本地質学会代議員など。主な著書はともに共著で『関西自然史ハイキング‐大阪から日帰り30コース』（創元社）、『標本の作り方・自然を記録に残そう』（東海大学出版部）など。他にも『ミニガイド大阪の河原の石ころ』など大阪市立自然史博物館の解説書や図録を多数執筆。

原稿協力	笹岡祐二
カバー・本文デザイン	ヨダトモコ
本文イラスト	真崎なこ
編集	株式会社ナイスク(https://naisg.com/)
	松尾里央、高作真紀、安藤沙帆、北橋朝子、
	村山裕哉、川崎麻美、笹井千尋

見分けるポイントがわかる岩石・鉱物図鑑

2024年 1月1日 第1刷発行

監修者	川端 清司
発行者	吉田 芳史
印刷所	図書印刷 株式会社
製本所	図書印刷 株式会社
発行所	株式会社 日本文芸社
	〒100-0003 東京都千代田区一ツ橋1-1-1 パレスサイドビル8F
	TEL 03-5224-6460 [代表]

内容に関するお問い合わせは、小社ウェブサイトお問い合わせフォームまでお願いいたします。
URL https://www.nihonbungeisha.co.jp/

©Kiyoshi Kawabata 2024
Printed in Japan 112231220-112231220 Ⓝ 01 (201116)
ISBN978-4-537-22169-5
編集担当 岩田裕介

○ 乱丁・落丁本等の不良品がありましたら、小社製作部宛にお送りください。
　送料小社負担にておとりかえいたします。
○ 法律で認められた場合を除いて、本書からの複写・転載(電子化を含む)は禁じられています。
○ また、代行業者等の第三者による電子データ化および電子書籍化はいかなる場合も認められ
　ていません。